—— 探索食物的深層語言，重塑健康 ——

主食晶片

未來食物革命

實現食物與環境的和諧共生
未來食物革命！科技與營養的完美融合

結合過去與現在人們的飲食進化規律，
將人與食物間的關係娓娓道來，直抵問題源頭核心！

鴻濤

著

目錄

目錄

第三章
格局與需求，誰是食品產業鏈走勢的利益方

第二篇
主食晶片的歷程 ── 食物主宰生命，經濟成本決定飲食模式

第四章
不同差異群體，不同飲食理念

第五章
藏在飲食文化背後的階層化食物模式

第六章
進化與變革，誰是大健康食物模式的金鑰匙

目錄

第九章
藥食同源，美味、健康與養身同等重要

第十章
用吃飯讓身體恆久保持在最滿意的狀態

目錄

前言　主食晶片：決定你的健康和美麗

　　所謂主食晶片，是人腦對食物選擇的程式系統，大腦對食物的好惡是怎麼形成的。可以說，如果一個人日常的主食晶片中富含的營養元素多，他就擁有健康的身體和不老的容顏！

　　那麼，什麼樣的主食晶片富含的營養元素多呢？這正是本書要講的內容。

　　中華民族是重視食物的民族，自古以來，我們與食物之間就建立了千絲萬縷的連繫。從一開始只為填飽肚子的「飼料式飲食」，到後來的重視食物背景文化、口味、營養的「餐式飲食」，都是在不斷地進步。

　　現代社會，人們對於食物的要求越來越廣泛，吃飯不僅僅是填飽肚子，也不僅僅是為了享受美味的口感，而是更注重飲食的效率和目的，也就是說，透過快速地吃飯來實現身體的健康和美麗的容顏。

　　常言說，人吃五穀雜糧，哪有不生病的。據調查顯示，目前很多年輕人的身體處於亞健康狀態，而高血糖、高血壓、高血脂、高尿酸、貧血、骨質疏鬆等疾患，更是中老年人常見的病疾。

　　雖說人類現有疾病會因為基因技術、大數據技術的深度應用而攻克，最終攻克癌症和糖尿病等頑疾只是時間問題。但如果沒有把主食健康放在和清新空氣、潔淨飲水一樣的基礎位置，人們將長久飽受病痛折磨，並且和疾病的抗爭會成為生活中揮之不去的陰影。

　　我們需要空氣，是因為我們需要 O_2；我們需要飲水，是因為我們需要 H_2O。人體對於氣體和液體的需求很單一，而人體對主食的需求必須是多樣性的，主食必須提供特素，特素中包括能量、營養物質和必須的微量元素等。

前言　主食晶片：決定你的健康和美麗

「主食晶片」理論的提出，結合了中華傳統醫學的寶藏，能讓中國的特素功能主食技術，快速占領國際前沿。

隨著經濟與科技的不斷發展，以及人們成本理念的不斷昇華，人類必將迎來又一跨越式的飲食革命，那就是集千年健康經驗與先進科學食物改良技術為一身的「功能性飲食」，也是本書「主食晶片」的核心價值所在。

功能性主食，是透過食品工業創新，結合營養學知識，針對不同訴求的人設計出針對性的功能主食，既可以延續主食晶片對原有穀物的儲存記憶，又可以在一定程度上輔助干預身體健康，這是食物的革命，好不誇張地說，主食的未來就是功能主食。

在食物的世界，元素週期表中的天然元素，加起來也就有那麼多，但不同的元素搭配，就會產生不一樣的能量作用，其所呈現的功效也各有不同。食物的世界內含豐富，研究領域寬廣，沒有絕對權威，只要勇於嘗試，就能孕育出各式各樣的新成果。我們上面提到的功能性主食，屬於食物界的特殊功能主食，如果能夠成功，那將是人類飲食健康史上一大進步。

在我們人體的消化道中，神經細胞好比是大腦中的神經元，神經元與神經元彼此之間共同合作、互動交流，成為我們每個人身體最為必要的元素，是我們自主自治的第二大腦。

腸腦是腸道的神經系統，由 5 億多個神經細胞組成，能有效幫助控制我們人體的腸道肌肉收縮、腺體分泌、調節細胞活性。同時還可以有效地幫助我們平衡飢餓感和飽腹感，並在處理完畢之後，將整個狀態的全部資訊傳輸給大腦。而特殊功能主食，在智慧化與科技化的創新理念下，探索消化機器人的技術，和腸腦溝通，讓腸腦擺脫習慣形成的不良主食晶片的

束縛，重塑健康飲食模式。

對於健康而言，我們沿襲千百年的生活習慣很多都經不起印證，只是文化習慣範疇。就人類疾病的康復來說，網際網路大數據技術能讓更有效的方法和手段脫穎而出。大病必須去醫院，獲得專業醫師的指導，救死扶傷是醫生的專業技能。似病不是病的小毛病卻只能靠自己來解決，而了解自己的身體永遠是「不識廬山真面目，只緣身在此山中」。所以，結合智慧醫療和人工智慧，解決身體小毛病的 Catill 技術工具，將會陪伴每一個在意自己和家人健康的使用者。

回顧過去，暢想未來，人類已經走出固有主食晶片的襁褓，也一直努力嘗試全新的飲食結構，並以此作為根基不斷改善自己現有的生活狀態，人們希望自己能越變越好，這不僅僅局限於體質，還包含著生活品質與健康概念等精神層次的昇華。本書中提到的功能性主食，就是在努力提升我們的生活層次。

技術革命推進了現代文明，食品高新科技也在改造著人的健康模式和社交模式。前沿的大數據、人工智慧、3D 列印、緩釋控釋、奈米超微等技術也都逐漸應用到了食品的生產和研發中。食品技術的目的是增強功能，區別於藥品和保健品，食品技術必須關注口味和體驗。傳統的菜譜也正在結合營養和康復功能升級，營養師和康復師單向的飲食建議，也正逐漸融入和患者原本的生活方式的互動中。康復和健康的關鍵在於生活方式的重塑，以及堅持既定的健康方式，而建立健康生活方式的首要問題就是要尊重習慣、馴化習慣。

本書內容結合過去、現在人們的飲食進化規律，將人與食物之間的關係娓娓道來，直抵問題源頭核心，漸進性地闡述人與食物之間馴化與被馴化的歷程與經驗、人類飲食觀念、文化以及需求的不斷演變過程，對當下

　　人類飲食系統的不斷推進，也從不同的方面詮釋著人類飲食結構的發展程式，並對未來世界人類更為先進的飲食結構和主食功效進行展望。

　　更為難得的是，本書從一個嶄新的角度幫助讀者看待人與食物之間的連線關係，讓讀者拓寬想像，提前感受未來尖端科技和時代文明締造下的飲食新概念，以及優化後的新健康飲食結構體系，從而提前對自己進行飲食完善，改變固有主食晶片思路，讓你擁有更健康、更美好的生活狀態！

第一篇

主食晶片的探源：三生萬物是食物本有的語言

所謂主食晶片，是人腦對食物選擇的程式系統，也就是說，人的大腦是如何形成對食物有好惡之分的。通俗地講，就是一種固定的進食習慣，即，為什麼會無緣無故地喜歡一種食物，討厭另一種食物。

老子認為，「道生一，一生二，二生三，三生萬物。」在食物的世界中，不同的食物有不同的語言，它們在自己所屬的地域，像人類一樣居住著。即便是同一科類的植物，但如果在不同的地域生長，其形態特徵也會跟著發生改變。這就是人們所說的一方水土養一方人。那麼，從人類與食物的連繫上來說，在我們的大腦主食晶片的系統當中，食物語言的呈現究竟是什麼樣的呢？根據這個課題，人們在不斷地探索中又得到了怎樣的答案呢？我們接下來為你一一解惑。

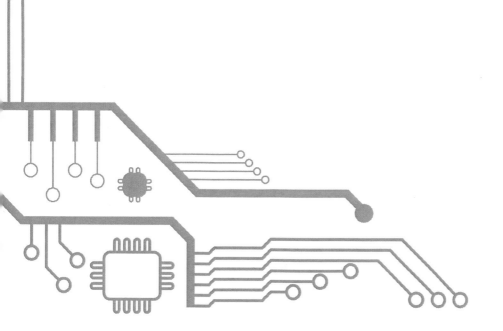

第一章

藏在生命不同背景下的飲食奧祕

食物和人類一樣是有生命的，它們和人一樣，從生下來就各有各的背景，各有各的形態，各有各的脾氣，也各有各的語言，它們鮮活地存在於世間，是一個個神奇的生命體。它們與人生活在一個空間，用屬於它們的方式與人類互動溝通、彼此馴化，才有了世間璀璨的飲食文化。可以說，每一種食物都在自己生長背景下擁有自己的神祕之處，它們看似沉默，卻在無聲中向我們傳遞著飲食奧祕！

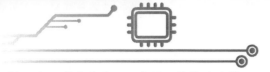

好的食物背景，是健康的關鍵

俗話說：「民以食為天」，食物是人類賴以生存的物質，是影響人體健康的重要因素之一。而有助於人類健康的食物，往往來源於其背後經歷的故事。

「誰知盤中餐，粒粒皆辛苦」。每一份食物，從種植到收穫，再到製作成可以入口的食物，每一個階段都需要不同的人根據自己的職責，來付出艱辛和汗水。正是由於很多人的參與，才讓每一份食物的背後，都有屬於它獨特的背景、文化、語言甚至於情感：它的身上既有農人辛勤耕耘的美好印跡，又有陽光雨露的滋養，同時還有廚師傾注於愛心的製作，使得它的基因系統裡，凝聚著萬物生靈最需要的水谷精微之氣，再歷經食用者的咀嚼，最終為人體輸送養分，成就人們的健康。

隨著現代科學技術的迅速發展，農作物的需求逐步向多元化的方向發展，人們充分利用先進技術，不斷改進農作物栽培技術，為滿足人們的糧食需求提供保障。很多農作物在人類的培育下日漸優化，產量也比從前翻了幾倍，種類的增加滿足了大眾的需求。

與此同時，也讓整個食材的孵化過程引進了諸多的新科技，使得當下的食物產業兩套基因模式越來越明顯化、標誌化。這裡所說的兩套基因，一套是食物自身攜帶的那一套最本質的物理 DNA 基因系統。另一套是後天鍛造的馴化式基因排列成果，這一成果是無形的，它融會在物種每一天的成長經歷中，涉及到了當下我們人類對食材成長進行馴化干預的新興技術裡。

正是由於基因不同，才出現了同一品種的稻米，因不同的培育方法，所以，給人帶來的是截然不同的品質和口感。也是由於稻米不同的背景，它們所表現出來的生機和活力也各有不同，這就是人類開闢自身智慧，在經過細緻觀察後，對其進行後天馴化的傑出成果。

前面我們提到過，食物和人一樣是有背景的，這種背景表現在，它糅合了一個地方的人文特色、風土氣候，展現著當地的日常生活和飲食需要。打個比方，你如果開啟世界地圖，就會看到不同國家的名稱及不同種類的食物，有麥當勞的炸雞、蘇格蘭威士忌、有義大利咖啡、有印度大吉嶺紅茶……當這些食物的名稱赫然在目時，你腦海中是否會出現麥當勞自建的養雞產業鏈？或者是蘇格蘭那迷人的田園風光？而這些地方，就是食物的背景。

食物背景的美妙之處就在於此：不同地區的自然地理的多樣變化，根據當地的氣候，孕育出了不同種類的食物，讓生活在不同地域的人享受到截然不同的豐富主食。比如中國，從南到北，大到一線城市，小到偏僻村鎮，都有地方特色小吃，而且，其變化萬千的精緻主食不僅為人體提供了所需要的營養，更是影響著我們對四季循環的感受，帶給我們健康、精緻、充滿情趣的生活。

除此以外，食物的背景影響的不僅是一個地區的食物結構，也影響著一個地域人口的健康狀況，食物的地域性導致地域病，更深層次會影響一個地域的經濟發展與人口結構。

一位勞工真切地感慨：「或許在別人眼中，米飯不過是簡單得不能再簡單的主食，但在我眼中，它卻始終活在富有生命的背景裡，它在我的心中既是填飽我日常生活的糧食，也是朋友之間彼此交流感情的媒介，每次看到家鄉的稻米，我心裡都會有深深的敬意，當我聞著那熟悉的米香時，

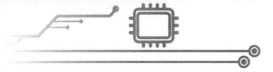

眼前會清晰地浮現家鄉美麗的風光、守護土地的鄉親，他們內心樸實，從不刻意布道，卻每天低頭彎腰向土地致敬，他們對土地有著最為真切的情感，而這朝朝暮暮相處的喜樂悲傷，日出日落，全部都凝聚在這一顆顆精華的米粒裡，假如你能夠細細品味，一定能夠品味出其中不一樣的味道。」

民以食為天，食物滋養著我們的身體，提供給我們人體寶貴的營養和能量，而不同的食物滋養也締造了人與人之間不同的體質，這種食物在人體中產生的奇妙反應，至今還有很多神奇的奧祕有待揭示。但有一點絕對不容忽視，那就是飲食確實能夠給人帶來滿足感和幸福感。

一般來說，締造我們人體愉悅幸福感的來源是我們人體內精神細胞之間的三種元素：多巴胺（快樂素）、血清素（情緒控制素）、內啡肽（幸福素），而食物源於自然，富含天然的「快樂物質」，正好能夠促進人體這三類元素的生成，所以每到吃飯的時候，我們的人體會本能地產生愉悅和滿足，一種莫名的幸福感油然而生，這份美好連線著我們對食物的真摯情感，也無形中成就了我們身體的健康狀態。

食物的第一目的是供給熱量，熱量可以維持體溫，保持機體功能，促進生長發育。人體供能主要有三種，分別是碳水化合物、脂肪、蛋白質，而碳水化物是最經濟，也是最好的供能方式。原始社會從狩獵時代過度到農耕時代，正是得益於人們對各類穀物的便捷獲取。

人生在世，境界有三：一是看山是山，看水是水；二是看山不是山，看水不是水；三是看山還是山，看水還是水。而我們品味食物的過程也是如此，早期人與食物的關係是為了飽腹，所以看米是米，看面是面；當人們滿足飽腹後，就會在意食物的品質和質地，把米和麵變化成不同的花樣來食用，如此一來，看米不是米，看麵不是麵；隨著人們對食物的更高的

要求，開始探源於它真實的背景，了解它在怎樣的環境下長大，了解它此生都經歷了怎樣的成長故事，同時和食物一樣，去感受農園裡的風土情感，體會耕種日子裡的喜怒哀樂，有了這種感受，我們碗裡的食物雖然在無形中被加入了更多的內容，但讓我們更懂了它，這時看米還是米，看麵還是麵。

我們真正地了解了食物的背景後，自然也會懂得不同食物帶給我們身體的不同營養了。因為懂得，所以會讓我們對於食材的感情歸於本真與平靜，我們渴望與它更純粹地相處在一起，品味它骨子裡帶來的那份真實，我們真心實意地愛上了吃飯的感覺，在一咀一嚼中享受那份敬意和真誠，這個時候的身體也會在這樣愉悅而滿足的氛圍內變得更有內涵、更加健康。

人們常說，觀察事物，不能只注重表面。因為表面再光鮮，沒有豐富的內涵，也是無用的。觀察食也是如此，一份色香味俱全的食物是有內涵的，它在這個世間經歷了最純粹的生命過程。當我們了解到它身後的所有內容和背景，就一定會被這美好的鍛造過程所感動。細細想來，人不過是萬物生靈中的普通一員，卻依靠著天資和智慧享受到了來自於這個世界各地的美食，其間所蘊含的健康、幸福、喜樂、希望，既有源於我們精神的意識，同時也包含了諸多食物靈氣在我們身體裡進行的運化和反應：那飽滿圓潤的色澤，那留在唇齒間的餘香，都將成為我們美好的回憶。

食物，是上天餽贈給人類的美好禮物。而食物進入我們身體回饋給我們的健康，則是它們無私而又偉大的奉獻！所以，珍愛食物，要從了解它的背景開始！

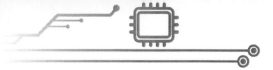

人們對食物的好惡，是個人生活的對映

食物有食物的生長本性，食物內部有元素與元素之間的關聯，而人類在選擇食物的過程中會根據自己的好惡選擇。一個人選擇什麼樣的食物，對映出的就是自己什麼樣的生活習慣！

食物不但如同人類一樣，擁有各自的語言；還和人類一樣，擁有自己獨有的個性。比如，有的食物喜歡在陽光下生長，有的食物則喜歡待在陰暗潮溼的地方，有的食物喜歡在乾旱的地方長勢良好，有的食物只喜歡氮磷鉀，還有的食物則喜歡鈣鐵鋅硒等等，食物成長過程中的這種偏好，源於它們的成長基因組織結構。

作為食客，我們在進食的過程中，會在不同食物之間做著選擇，在嘗試過許多食物後，我們會根據自己的嗜好，愛上自己喜歡的食物。而且，這種偏愛食物的習慣，有時會跟隨自己很多年，有的甚至於是一輩子。這就是為什麼不同國家和地區的人們，都有專屬自己特色小吃 —— 慢慢地，不同地域的人們形成了自己不同的飲食習慣和飲食文化。

也正因為如此，人們會依據對方對食物的好惡，來判斷對方是哪裡人，並且這種判斷往往很準確。

那麼，什麼樣的食物到既美味，又助於人們身體健康呢？這就需要營養師和高階廚師來發揮作用了。

由於不同的食物有著各自的寒熱屬性，所以要採取不同的烹飪方法才能更營養更美味可口。凡是水生的動物和植物一般都性偏涼，比如，魚鱉

蝦蟹等海鮮，以及茄子、蓮藕、黃瓜、白菜等等。除此以外，鴨、鵝因為總在水裡活動，所以按中醫理念都屬於寒性，最好的烹製方法是燒烤。而雞、鴿子、麻雀這類飛禽因為沒有在水裡生活，所以都屬於熱性食物，最好的烹製方法是燉煮，在燉煮的過程中為了保持陰陽寒熱的平衡，最好還要放一些陰寒性質的蘑菇。

實際上，人們對食物的理解和科學的配比經驗，全部來自於人類對於自身飲食結構的調整和摸索，人類希望在飲食的過程中更好地完善自身的平衡，讓自己在吸收能量的同時，能夠讓食物在身體裡形成更積極的運作反應，從而更有效地實現健康長壽的目的。經過不斷的實踐，這種食材搭配的比例變成了我們世代累積起來的經驗記憶，最終輸入到了我們人體的基因組織，形成了我們對食物與生俱來的一種喜好。

之所以不同的地域呈現不同的口味差異，追述原因是多方面的。一個地域的飲食文化，往往是建立在多元化的基礎上的，例如，本土的作物產出、當地的氣候情況、不同的歷史文化背景，以及宗教信仰的精神引導等都有可能影響到當地人的飲食好惡。比如，中國西南地區的人習慣以辣去溼，而北方人習慣食用肉類抵禦寒冷，沿海地區自然就習慣食用帶鹹味的海鮮，而越是缺鹽的地區則越是喜歡以酸辣的口感來中和鹹食。導致這種現象的一個重要原因，就是當地人的體質在一種特定的食物結構下所產生的訴求反應，就像血壓高的人看到肥肉是沒有多少胃口的。我們體內各種激素的調動，不斷調整著我們的飲食結構，以便更加適應一個地域的自然環境。

縱觀中國的飲食文化，從北到南，口味由鹹轉淡；從西到東，口味由辣轉甜；從陸到海，味道從重到輕。這一切都經歷了千百年的傳承和積澱，也在歷史的不斷演變下鑄就了不同地區的特色美食。而在此地域下一

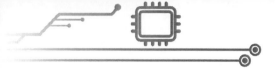

代代成長起來的人，從生下來那天就已經有形無形地接受了這樣的飲食習慣，在大腦意識中形成了自己的「晶片記憶」，不可否認的是，這一切都對映到了我們的生活。

追述烹製的印記，不論是中國的八大菜系，還是來自其他國家的異域美食，儘管從口感上千差萬別，但核心思想卻從未改變，飲食從根本上承載調和五臟、補充營養、健康養生的使命，隱含著不同地域人們思想文化、風土習慣的影子。

中國有句俗話：「吃什麼補什麼。」這話雖然淺顯，卻不無道理。數千年來，我們人類始終都在飲食這條道路上不斷地探索著，卻發現想實現吃好補好這件事，並不那麼容易。一個人不僅僅受到地域和家庭的影響，還會受到不同社交關係的影響，想要彼此兼顧，同時滿足自己身體的需要是不容易的。儘管不同的人有不同的飲食好惡，每個人有每個人的生活對映，有些東西我們無法決定外界環境，但至少我們可以利用更多的時間了解自己，調整自己，最終讓自己擁有一個更健康、更科學的飲食結構，這就需要我們不斷升級大腦的「飲食晶片」，它會讓我們在健康意識不斷晉級的過程中，找到自己真實的需求，同時也能擁有最健康最豐富的美食享受。

人體擁有多元空間，每個空間的狀態也有差異

　　宇宙是神祕而多元的，誰也不知道在那個奇妙的世界裡，有多少層空間，而在這些空間的維度中又衍生出多少奇妙的事情。事實上在人的身體裡，也存在著不同的空間，這些空間有的讓我們疲倦，有的讓我們振奮，而食物的本能元素，卻能幫助我們很好地調整自己的空間，讓我們無論身在何處都能煥發無窮的活力。

　　科幻電視劇總是在播放著某某穿越了幾層宇宙空間，來到了一個陌生的國度，甚至回到了歷史悠久的古代，這讓很多觀眾不禁遐想，在我們生活的世界上是否真的存在這樣的多維空間。其實，解釋這件事並不難，只要我們從自己的身體出發去研究，就會很快找到答案。

　　我們的身體是大自然的對映，地球有公轉、自傳，在我們人體的空間領域範圍內也同樣存在，從空間醫學角度來說，人體的公轉就是任督二脈的循環執行，它是人體的大道，一切細胞輻射的能量物質，都是透過這樣的公轉系統進行調整的，道家學說稱為大周天。而自轉則是在時間的演變下尋經行走的另外十二條經脈，其間有陰有陽，影響著我們全身的各個臟腑，被譽為小周天。

　　從自然界的角度來說，萬物是相互依存的，這是一個相互促進的過程。粗略統計，我們人體內部就存在著四大空間部分，它們分別是胸腔、小腹腔、腹腔、以及脊椎（從頸部到尾椎的所謂太陽區），在中醫上被譽為人體三焦以及後外焦空間。我們人體的能量就在這四個空間中混合、撞

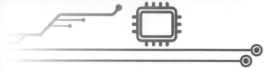

擊，最終形成新的能量。太陽區與人體的公轉自轉相互連繫，將我們人體建設成了有陰有陽，有空間有物質的能量載體，而我們人體的九大功能系統，在中國五行學說中也對應著這個世界不同的自然現象，天地山川、四海九州、四季寒暑、五行八卦無不對映其中，彼此遙相呼應，構成了一個與天地相合的和諧生態圈。

同樣，作用於我們身體的奇妙設計，在我們食用的食物上也有所對映，冥冥之中似乎存在著某種必然的連繫。有科學家研究發現，植物其實是很有靈性的，它們對自己周圍的環境有著敏銳的第六感官，當得知自己正處於微重力環境狀態的時候，其自身細胞內部就會進行自動調節，細胞內的鈣離子濃度會出現變化，它們用這種方法應對微重力環境。當鈣離子濃度增加到一定程度的時候，它就可以更好地幫助植物確定自身的生長方向。從這一點來看，植物與人體不斷適應環境空間的調整原理具有異曲同工之妙。

在生活中，我們在不同的空間範圍內，所表現出的狀態是截然不同的。你在某一空間內萎靡不振、昏昏欲睡，卻在另外一個空間顯得生機勃勃、精神振奮。例如小孩子在家寫作業，寫著寫著就要昏昏欲睡，但是當有人說要出去玩的時候，他的精神狀態立刻亢奮起來，身心隨即處在一個不一樣的空間狀態。

同樣的道理也適用於飲食，就是我們在選擇食物的過程中會出現同樣的情況。例如，有些人雖然對吃不感興趣，卻對專門的一類食物情有獨鍾。有的人一提大魚大肉就沒有食慾，卻津津有味地吃著清淡的菜淆。有的人忽然特別想吃甜食，有的人偶爾特別想找點酸的嘗嘗。有的人聚會一定要吃火鍋、海鮮，有的人每天都是無酒不歡……出現這種情況的原因，是因為我們的身體在潛意識對於某種元素的追求和依賴，一旦對這種元素

有所體驗，我們的內心就會得到一種難言的滿足感，這種滿足感開啟了我們精神愉悅的另一處空間，能夠讓我們瞬間享受到快樂幸福的感覺——大腦的獎勵機制。

有意思的是，我們選擇食物的過程，看似是我們在選擇食物，其實也是食物在選擇我們。從某種角度來說，食物對人體的臟腑、經絡都是有選擇的，不同的食物歸屬不同的經絡，從屬於不同的元素能量，這就是中醫常說的「歸經」原理。因為不同的食物，歸經不同，所以在我們人體的內部空間所發生的作用也有所不同。

從健康飲食的角度而言，我們要想吃得既開心又健康，就要了解每一份食材的營養功效，了解他們在我們人體所發揮的作用，然後科學地攝取這些營養和能量，從而保證自己的身體處在活力充沛的空間狀態。

從營養學角度來講，我們的身體在不同時期，身體的不同臟器都有各自的元素種類和物質代謝。現代科學證實，吃飯不只是給肚子儲存運動能量和保持體溫，也要給心、肝、脾、胃、腎、肺等生命臟器提供能量的，同時還要給眼、耳、鼻、喉、子宮、膀胱、生殖等功能臟器提供元素。胃腸道是開放性的空腔，上千種微生物和人體共存伴生，這個體內的開放生態環境系統是食物深加工的工廠。

人們會針對自己不同的體質，來選擇不同的食物。而我們要想樹立起最健康的飲食結構意識，就必須把健康模式的「主食晶片」輸入大腦，這需要我們在攝食中保持理智，不論是對於食物還是對於我們的身體，在這個無限大的平行世界裡，我們必須以最快，最正確的方式，尋找到自己的平衡狀態。因為你今天的飲食方式，會改變明天你人體所在空間的活力狀況。

那麼，如何找到自己平衡的飲食狀態呢？

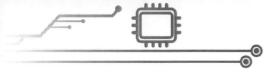
　　答案就是節制和自律。面對喜歡的食物，我們不能在一時刺激下變成成癮式的飲食習慣，即喜歡吃啥就天天吃。而是用一種順應天地自然和諧狀態的健康飲食結構，來把控我們身體的能量，從而更好地調配好存在於我們體內的每一個元素。

　　這就需要我們對自己身體投入更多的關注和愛心，同時還要不斷地探索食物與我們人體之間的緊密關係，了解每一樣食物的功能，明白每種食物在我們體內所產生的作用和反應，這樣才會讓自己每天食用的每樣食物，在每一個空間都能表現出非凡的活力和智慧。而健康的「主食晶片」就是在這樣的昇華意識中得以鍛造，成為我們日後攝食的主流，從而更好地為我們人體空間服務，讓人類更快地走向更高層境界的飲食方向和目標。

人類飲食的三個階段：
飼料式飲食、餐式飲食、功能性飲食

　　食物對於人類來說，無非是一種延續生命的飼料。當人們透過智慧不斷地對生活進行改良後，曾經被人們視作飼料的食物，衍生成了碗裡的飯。那麼在未來的食物世界中，又將生出什麼樣的飲食結構？它又將以什麼樣的方式影響我們的生活呢？

　　說到飲食，在人類的發展程式中應該分為三個階段，這三個階段是飼料式飲食、餐式飲食、功能性飲食。

　　飼料式飲食是指人類為了維繫生命才攝取食物，由於當時技術不先進，食物的選擇範圍很少，只要有能吃的東西就不會錯過，根本就不會考慮是否美味和健康，即便後來人們發現經過火烤制的肉食要比生肉好吃時，也是覺得用這樣的技術處理的食物有利於存放，以保證隨時餵飽自己的肚子，這恰恰是我們人類思想意識中最為原始的成本概念。

　　人們這種飲食要求，有點像是用食物餵養牲畜，目的不在於提高其味覺，而是能夠讓它維繫生命和生產，從而滿足我們人類自己的物質需要，這種飼料式飲食，是生命的最基礎飲食模式，為的就是填飽肚子，補給能量，對質量和口感、質地，沒有過高的要求，就是單純地為了生存而進食的初級飲食階段。

　　到第二個飲食階段，也就是餐式飲食階段，這時候人們的思想和技術已經達到了一定的水準，不再依靠單純的外出打獵，摘果子，挖野菜維繫

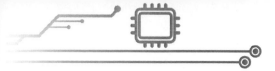

生活，他們漸漸學會了耕種、畜牧，形成了穩定的群落，社會，生活質量逐漸提高。這時的人們，開始不斷改善自己的飲食。於是，他們會根據自己的口味來完善食物，讓食物更符合自己的胃口，更容易下嚥，同時也更容易給自己帶來飽足的幸福感。

這時的人們就從單純的飼料式飲食漸漸演化成了真正意義的餐式飲食，他們不但固化好了每一天的進食時間，而且對飯食的內容和口感提出了新的要求，為了能夠達到自己嚮往的飲食幸福狀態，他們不斷地在烹飪技術上進行嘗試和創新，研發不一樣的食物的製作方法，而生活也因為這樣的不斷嘗試，而變得穩定而豐富起來。

雖然人們的整體技術能力，讓生活條件得到了改善，從曾經的四處遊獵，形成了一個個依靠農耕畜牧養殖為食物來源的穩定村落，但人與人之間的等級劃分也由此產生，窮人與富人之間的飲食規格、享受到的烹飪技術的差距，可以用「天壤之別」來形容。

舉一個最能展現富人跟窮人之間飲食差距的例子：

出生於帝王之家的晉惠帝，根本就不知道百姓疾苦，也不明白百姓為什麼要用植物來維繫溫飽，當他聽到隨從講百姓因天災無糧可吃，餓死眾多的時候。這位皇帝卻搖頭嘲笑：「百姓愚矣，自尋死路。」正當左右不解的時候，他卻「一語驚人」：「他們為什麼不吃肉？」

顯然這個皇帝根本就沒有考慮食物的成本，在當時人與人之間從基礎的食物上，早已經有了層級的劃分，人雖然可以透過勞動維繫了一個相對穩定的生活狀態，但未必能做到人人都能吃到自己想吃的東西，過去如此，現在也是一樣。

食物按照營養區分分為 7 大類，分別是碳水化合物、蛋白質、脂肪、維他命、礦物質、膳食纖維和水。這 7 大營養物質構成了日常的飲食結

構，透過營養物質的攝入，構成了人體，同時也提供了機體運轉所必須的各種能量。最基礎的需求是對熱量的訴求，之後是對身體其他功能的需求，在人類進化過程中，人類不斷對各類動植物進行分類篩選實驗嘗試，把人類不能進食的動植物剔除出去，入圍的都是人可以接受的，在入圍的這些食物中又不斷分類，把供給能量最經濟的穀物類作為主食來長期服用，把一些有助於改善口感的食物作為調味品來使用，並且不斷進行功能細分。比如，肉可以補充蛋白質，部分藥材可以解決疾患問題。就這樣透過不斷深入研究，來發掘食物底層的營養物質，跟人體結合的作用機理。功能食品就應運而生，功能食品是在滿足了基本的溫飽後，人類對健康追求的必然結果。

說到功能性飲食，它所表現的是一種用更完備的技術，馴化食物功能的過程，我們知道每一種食物都有屬於自己的特殊功能，神農嘗百草的偉大實踐，印證了一個事實，那就是不同的食材，在我們人體表現出來的作用功能是不一樣的。食物與食物之間有著屬於自己的相生相剋，只要運用合理，就能夠切實地幫助人類解決各種健康問題。功能性飲食的革新就在於，將我們飯碗裡的食物功能徹底地開發出來，再對其進行科學的調整組合，形成更強大的功能性組合，用來切實滿足人類各項健康需求的特殊食材，從而重組改良我們當下的飲食結構，讓吃飯這件事更富有針對性和目的性。

隨著人們飲食結構的不斷調整，功能性飲食必將接替飯式飲食，成為新飲食時代的主流，因為功能性飲食與我們生命起源的記憶有關 - 食物永遠是維繫生命不可或缺的存在。

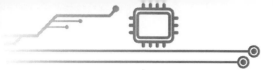

總有一些食物密語，是你從未察覺到的

在食物的王國裡，食物用它們的專屬語言，幾乎每天都在用各種形式與我們互動交流，只不過我們從未在意過它在對我們說什麼，事實上，假如你能靜下心來去感受、去傾聽，你就會發現原來它們的世界是如此的豐富多彩。

《聖經》中曾經有這樣一個古老的故事，起初上帝創造世界的時候，世界上只有一種語言，大家彼此交流沒有障礙，互相理解，其樂融融。

但慢慢地由於人類變得越老越傲慢，他們在巴比倫興建通天塔，而且塔身越建越高，這種行為觸怒了上帝，於是，上帝就施法變亂了他們的語言，從那時起，人類的語言便不相同了。人與人之間在溝通上出現了語言的障礙，不同地方的人見面，誰也聽不懂誰在說什麼。為了能夠尋找到合適的地方生存，他們紛紛遠走他鄉，散布到了世界的各地。

如今，不同的國度，有著自己不同的語言，據統計當下僅人類之間的語言就有 7000 種之多，大家為了更好地交流，正在努力彼此破譯，彼此共融，努力地突破語言的局限，只為能夠更好地增進彼此的了解，創造更為美好的生活。

但是你知道嗎？正如人類有自己的語言一樣，我們碗中的不同食物，也有著自己的語言。而且因為每一種食物的生長地域不同、照射的陽光強度不同，它們所傳遞的語言資訊也是截然不同。

有一位醫生開中藥給患者的方式很奇特：他在配藥給每個病人的時

候，會根據這個人所處的地域，來對其所配備的藥物做出選擇。藥物有諸多種，能治療同一種病的也有很多種，但這位醫生對同一種病，對某些人會運用北方生長的藥材，對有些人會下意識地用一些南方生長出來的藥材。

有人問他原因，他笑笑說：「一方水土養一方人，他們的體質適合用他們身體系統裡最認可的藥物來進行調理，找到他們身體最需要的東西，他們的身體才會好得更快些。」

由此來看，我們所食用的食物在生長的過程中是存在地域化語言的，而且這些語言在我們的身體裡還會產生各種微妙的反應。只不過有些時候，我們自己沒有意識到而已。老人們常說的那句：「生在什麼地方的人，就吃什麼地方的菜。」人是生活習慣的奴隸。

一日三餐，三頓飯從加工到進食，我們與食物都在進行著各式各樣的語言互動，他們用自己的形態、色澤、味道等各個方式，在向我們傳達著資訊，告訴我們目前它所處的狀態是什麼樣的。下面我們就列舉一些最常見的食物，下意識地聽聽，它們在用自己的語言說些什麼。

（1）蘋果切開後放一段時間，怎麼就變成褐色了呢？

解讀：我發生了酶促褐變，現在我的維他命 C 正在流失。

在果蔬和薯類的世界裡，體內帶著「分氧化酶」，同時還富含著很多抗氧化作用的「多酚類物質」，當這些東西碰到一起，再遇上氧氣的催化，就會在色澤上發生變化，出現「酶促褐變」，這個過程就是酚氧化酶催化無色的多酚類物質發生的氧化反應，最後生成有色的「醌類物質」。

這些醌類物質彼此聚合，顏色就會越來越深。雖然在整個過程中，不會產生什麼有害物質，但變色後的多酚類物質的抗氧化能力已經開始下

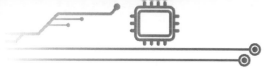

降，隨之而不斷流失的就是食物中的維他命 C 含量。所以，當你看到蔬果薯類的顏色發生不同的改變時，就是它們向你發出的語言資訊，告訴你：「我什麼時候食用營養價值最大，什麼時候食用會讓營養流失。」

（2）烤肉產生棕紅色、烤饅頭變黃

解讀：我發生梅納反應啦，可能產生致癌物。

很多含有碳水化合物和氨基酸的食物，經過高溫的加工烹製後，顏色都會發生變化，它們有的發黃、有的發褐，但散發出來的香氣卻十分誘人，很多人覺得這種食物一定很美味，卻沒有意識到，這時候我們手中的食物早已經用自己的語言向我們發出了危險訊號，它用它的色澤和味道在對我們說：「我發生了梅納反應，目前我存在一定的危險性。」

為什麼會存在一定的危險性呢？因為碳水化合物和氨基酸食物，在經過加熱烹調處理以後，會產生一種副產物，這種副產物名為丙烯醯胺，是一種致癌物質，它本身與香氣無關，也不帶任何顏色。

對於這樣的食物而言，加熱後顏色越深，香味就越是濃郁，丙烯醯胺的含量也會越高。而這些很可能給我們身體帶來傷害的資訊，食物早就用它們善意的語言，傳達給了我們，只不過很多人僅僅只被美味吸引，卻忘記了解讀它發出的「危險」的語言訊號。

（3）紫高麗菜焯水後怎麼變藍了

解讀：我的花青素遇鹼變藍了，我的穩定性正在下降。

草莓、紫高麗菜、紫薯、紫米等食物都富含著豐富的花青素，這種物質是一種很強的氧化劑，對我們的身體健康很有幫助，可以保護人體免受自由基的損傷。

花青素有一個特點，它們在酸性的作用下呈紅色，而在鹼性狀態下呈

現的是藍色，中間還可以出現諸如紫色、綠色的一些過渡色，出現這些顏色，都不要擔心，這些變色都是很正常的。但從營養角度來說，花青素在酸性的條件下穩定度是最好的，所以當我們按照自己的意願烹煮食物的時候，食物也已經用自己的語言告訴我們自己會在什麼樣的情況下，能保證自己營養的最佳狀態了。

（4）明明是綠葉菜，炒後怎麼變沒了？

解讀：我的葉綠素脫鎂了，我的鎂元素正在流失。

綠色蔬菜總是給人一種很新鮮的感覺，它之所以會呈現綠色，多數都歸功於葉綠素中的鎂離子，當陽光折射到植物身上，它們體內的葉綠素中的鎂離子會讓其他顏色的光有來無回，最終只留下其中綠色的光能反射回去。

但當植物面臨加熱的時候，它們身體裡的葉綠素就開始變得不穩定了。科學研究人員經過研究發現，醋中的乙酸，也就是我們常說的醋酸，會直接破壞葉綠素的結構，直接將植物中的葉綠素變成「脫鎂葉綠素」，這時候的蔬菜就會因為鎂的流失而迅速變成黃色，因此，當我們烹煮蔬菜的時候，它們也在用自己的本能語言對我們說：「少加醋，少加醋，否則我的鎂元素就要流失啦。」

（5）豆腐表面怎麼發黏了？

解讀：別吃了，我有細菌滋生了，目前體內含有毒素。

豆腐和肉類一樣，都含有豐富的蛋白質食材，很容易因為通風不良或者溫度不合適等原因，出現細菌滋生的情況。一旦細菌滋生，豆腐就會變得黏黏的。這時候很可能豆腐的體內已經開始滋生毒素了，即便是用熱水沖洗也很難保證能夠全部洗掉。

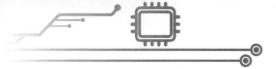

　　所以這時候豆腐就已經用自己發黏的狀態語言，向我們發出暗示，只要是高蛋白的食品，身上出現黏滑物質，就不能再吃了。

　　關於食物的語言，可以說有成千上萬種。在跟我們交流時，它們會根據各自的性格使用不同的語言。可以說，每一種食物都有屬於自己的密語，我們只有用心地觀察，才能夠「聽」懂食物所講的密語。

　　在這裡需要提醒的是，食物特性決定了食物本身最佳的加工與食用方法，不能單純地用味道為唯一評價指標其是不是健康。除此以外，食物搭配的合理性也是食物健康需要考慮的因素。功能食物的發展方向要遵循科學搭配，同時考慮食物本身特性，這樣才能夠讓食物變得既健康又美味。

第二章

萬物皆有靈，烹飪技術的昇華讓食物的滋味錦上添花

自古以來，既健康又美味的食物背後，永遠都是人類烹飪技術不斷昇華的過程。我們前面講過，食物是有靈性的，而最了解食物靈性的人，正是那些長期圍繞著食物工作的人。他們多年如一日地研究不同食物習性和特點，為了讓食物的滋味錦上添花，他們不厭其煩地嘗試著，在經曆數次挫折和失敗後，終於把一個個創意式的食物構想搬到現實。與其同時，也讓自己的烹飪技術日臻成熟。

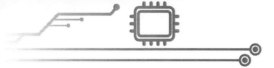

美食界「煎炒烹炸」層出不窮的根源：
降低成本

　　豐富的食材在人類不斷的研究探索下，被加工成了各種風味獨特的菜餚，從烹飪角度來說，「煎炒烹炸」的每一種技法背後，都蘊含著烹飪者對於食材的領悟和理解。那麼究竟人類為什麼會發明這麼多烹調技術，它與我們的生活為什麼會如此緊密相連？當生存需求上升到美食需求的層次，人們又會在烹調方式上玩出怎樣的新花樣呢？

　　說到美食，除了新鮮的食材以外，還有映入我們腦海的一副大師傅拿著炒鍋炒勺精心烹製的畫面，在酸甜苦辣的佐料的調劑下刺激著我們的味蕾，讓我們吃了還想吃，吃了忘不了。可以說，煎炒烹炸不同的做法，鍛造出了別有韻味的時尚美味。

　　說到美食，中國的飲食文化就足夠我們研究一輩子，它依照歷代食客的口味不斷的進行總結改良，最終形成了自己獨特的口感和菜系。同一樣食材，經過不同的烹煮搭配，展現出截然不同的風味口感。這不禁讓人產生了疑問，為什麼人一定要那麼細緻地研究烹煮食材的方法，設計出那麼多煎炒烹炸的烹飪技術呢？

　　從歷史的發展中我們可以看出，過去的人們所能選擇的食物是極其有限的。這是因為人們分布在世界不同的區域，加上交通並不便利，要想吃到其他地域的食材肯定要花費高昂的成本，所以沒有太多選擇的餘地。後來，隨著經濟的不斷發展，人們手頭有了餘錢，於是就開始鑽研烹飪技

法、配製調料。同樣的食材，因為調料和烹飪方法的不同而呈現出不一樣的味道，給人類的口感帶來了更為新鮮的體驗。

從美食烹飪的歷程上看，地域美食的行程往往與飲食成本有著非常緊密的連繫。將低廉的食材做得更好吃一些，再對一些調料進行加工，這樣就能讓自己很順利地進餐，這是當時人們研究烹飪技法最原始的想法。

回到當下，很多朋友在遇到難以下嚥的食物又沒有其他選擇的時候，也會採取古人同樣的做法，本能的反應就是盛上一碗乾飯，再尋覓一些調味料。比如，有人會選擇醬油拌飯，有人則會努力尋找辣醬，以此來壓制住食物難吃的口感，當原來的口感在佐料的調劑下變得能夠讓我們接受時，食物本來的性質也就因此發生了改變。

《聖經》的創世紀上有這樣一段詳細的記錄，生動地介紹了人與周邊食材之間的關係：

神說：「我們要照我們的形象，按照我們的樣式造人，使他們管理海裡的魚、空中的鳥、地上的牲畜，和地上所爬的一切昆蟲。」神就照著自己的形象造人，那是照著他的想像造男造女。神就賜福給他們，對他們說：「要生養眾多，遍滿地面，治理這地上，也要管理海裡的魚、空中的鳥和地上各樣行動的活物。」神說：「看那，我將遍地上一切結種子的菜蔬和一切書上所結有核的果子全詞給你們做食物。至於遞上的走獸和空中飛鳥，並各樣趴在地上有生命的物，我將青草賜給他們做食物。」……上天恩賜給人類的食物可謂多種多樣，但如何烹製它們，才能讓食材更適合自己的口味，就要靠人類後天的努力和研究了。世間的任何一種烹飪方法都來源於我們在與自然對抗的過程中所得來的原始總結。而最初最為簡單的烹飪方法，只是來源於一個偶然的發現。

考古學家已經證實，在人類最原始的群體生活階段，人類進食的方式

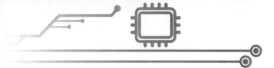

與野獸無異，但凡是圍獵所獲得的食物，都是不經過任何處理直接食用的。由於獵物的肉不能夠長久儲存，很多人都因為食用了腐肉生出疾病，最終過早離世，所以當時人們的平均壽命都很短。為了更好的活下去，人類便開始下意識的探索，究竟怎樣才能有效的儲存獵物且不至於快速變質。直到有一天，山火爆發，很多動物來不及逃跑就被無情的大火吞併，而人類僥倖地生存了下來。當他們重新返回家園，看到被火烤熟的動物遺骸，在飢餓驅使下嘗試著來咀嚼。這時候他們驚喜地發現，原來被火加工過的肉類，要比生肉好吃的多。

為了便於觀察，他們將這些烤熟的動物遺體作為獵物帶回了家。這時他們又發現了新大陸，那就是被火燒烤處理過的食物，能夠有效的保質很長時間，這無疑是一件大快人心的事情。從此他們努力的尋找火種，開始依靠火的能量完成食物的初級加工，而這恰恰就是人類研習烹飪學的重要開端。也就是說，烹飪學從一開始就是為人類生存而服務的，其中蘊含著成本經濟的深刻哲理，食材的加工可以有效的提高人類的健康指數，甚至直接影響到他們的壽命長短，將這些技術掌握在手裡，人類便可以更好的抵抗惡略環境，為自己創造更美好的生活。

解決了生存問題，下一步就是成本問題。隨著人類社會的發展，大家在滿足了基本飲食需要後，慾望就引導著他們向著更高層次的生活邁進，可要想提高生活質量，就逃不開高成本的付出，人們必須花費更多的經歷、物力、財力，才能夠過上自己心目中更好的生活。於是深受困擾的人們，遇到了想吃的東西吃不到，想買的東西買不起的難題，但那份對高質量生活的憧憬卻怎麼也不能斷滅，為了從中尋找平衡感，人們再次在食材加工上做起了文章。

中國歷史著名文學家，也是鼎鼎有名的美食家蘇東坡，就是一個在食

物睏乏的生活狀態下，為了吃上理想飯菜，而不斷開動腦筋，努力嘗試各種烹飪技法的典範。、蘇東坡被貶以後，唯一能用來安家的地方，就是好友幫他盤下的一塊荒地，於是原本是文人的他，不得不撸起袖子像個農民一樣自己蓋房，自己耕種田地。經過不懈的努力，他終於將自己的家變成了一個生機盎然的小農場，而這個時候，諸如東坡魚，東坡肉，也在他的精心研製下成為了家喻戶曉的美味。

而事實上，蘇東坡之所以那麼苦心研究烹調，除了個人愛好以外，更多的還是受環境所迫。他想吃肉沒有更好的選擇，當地除了豬肉便宜沒人喜歡吃外，其他的肉都很貴。正是因為自己想吃肉，又買不起除了豬肉以外的其他肉類，才促使他不斷的研究如何能將手裡廉價的食材做得更加美味，既對得起自己的胃，又不至於花費高昂的成本。而美食就是在這樣壓低成本的理念下，不斷的沿襲創新，取得了一個又一個階段性的成果。

了解了東坡魚、東坡肉背後的故事後，我們再回到美食世界的「煎炒烹炸」，思路就更加清晰了。假如說烹飪技法是對現有食材的改良和創新，那麼出現這一系列創新的初衷並不是為了享受，而是為了降低成本來生存。從這一點來看，我們的飲食與生存成本有著千絲萬縷的連繫，它曾經影響著我們的過去，而現在這種影響將仍然存在。

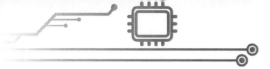

美食技術並等於健康飲食

如今人們的生活水準提高，超市食品專櫃的食物可謂琳瑯滿目，絕對能讓你挑花了眼。可是這麼多的食物產品，真的就都健康嗎？答案自然是否定的。雖然眼下美食加工技術越來越成熟，飯館裡的烹飪大廚更是絕活頻出，但這一切真的都在為我們的健康服務嗎？當成本，收益、健康放在一個水準面上時，美食技術的提升真的能把我們帶進健康飲食的新時代嗎？

現在很多人都非常注重養生食補，正所謂：「治未病以食調。」食物裡自有大藥，每一種食物中所含的微量元素都可以有效的補給我們人類的身體所缺，從天地合一的概念來看，我們與宇宙萬物本來就是一體的。

於是很多人開始把美食處理技術與健康飲食相互關聯，認為食材經過精細的加工處理，更有利於我們的身體健康。這話聽起來貌似很有道理，但並不完全正確。

美食之所以好吃，加工技術的調配功不可沒，但這並不意味著經過加工後的食材營養豐富有利於人體健康。事實上，為了能夠提升食材的口感，人們所加入的各種烹飪調料五花八門，從某種程度上已經極大的破壞了食材原本的營養元素。所以我們送到嘴裡的美食，很可能除了好吃的口感以外，並不能達到補充營養的作用，甚至還很有可能給我們人體帶來諸多的傷害。

很多人早餐都喜歡吃蔥油餅，而且還特別喜歡吃哪種香脆鬆軟的蔥油

餅，為了能夠達到大眾的口味標準，有些小商販在炸蔥油餅時放入了明礬。這種明礬能讓進入鍋裡的蔥油餅立刻蓬鬆起來，讓人吃著又脆又香，可時間長了身體就會產生諸多不適，嚴重的可能還會引發癌症。

除此之外，我們離不開的美味還有各式各樣的飲料，如今飲料中夾雜色素香精，已經不是什麼祕密了，而這些配料幾乎沒有一種是有利於我們身體健康的，可如果不用這些調料進行調劑，不但成本上會給廠家造成壓力，口感也未必能夠贏得大家的青睞。所以說美食技術是不能給大眾帶來百分百健康的。

隨著人類食品安全問題日趨嚴峻，很多大品牌在質檢問題上紛紛落馬。我們不難感受到高科技在成就我們對未來美好期待的同時，也給我們帶來了不小的隱患和麻煩。這些問題囊括在我們生活的方方面面，即便是手裡的一碗簡簡單單的米飯，處理不好也同樣會受影響。

加工技術是人創造的，而創造這門技術的用意肯定是與收益和成本掛鉤的，在保證收益和成本的同時，透過市場調研，找尋到大眾最為青睞的賣點，一切定下來以後，廠家才有可能將自己下一步的規劃，定位在食品健康安全的問題上。

起初大家購買巧克力，都希望它是甜的，全脂的，這樣吃起來更享受，大人孩子都愛吃。但事實上，高甜度，高脂肪含量對我們的身體未必有好處。更何況為了達到更長的保鮮期，很多廠家還會下意識的在巧克力中加入防腐劑，而這些都是我們人類健康的無形殺手。可即便如此，購買群體仍舊絡繹不絕，全脂巧克力始終受到大眾的追捧與熱愛。

後來，商家經過調研，發現假如能在巧克力中加入一些果仁、果乾，或是將巧克力演變成各色水果口味，不但可以提升口感，還可以打著飲食更健康的旗號進行推廣，讓消費者更沒有理由拒絕吃巧克力的美妙體驗。

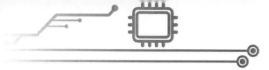

於是在計算好利潤和成本以後，更富有創意的巧克力開始面向公眾推廣。不容置疑，這一招再次靈驗，每個人都想在享受甜潤口感的同時還能體會到水果、果仁、果乾的味道。於是，人們爭相購買，商家此次大膽的嘗試再次將巧克力推向了大眾推崇的風口浪尖之上。

然而，隨著大家健康知識的普及，以及類似於三高、糖尿病、肥胖症等慢性病在大眾群體中患病率快速上升，人們開始對過甜，脂肪含量過高的食物下意識的迴避，在主流媒體的引導、倡議下越來越偏向於健康飲食，巧克力的銷售量明顯就不如往昔，迫於人們健康意識理念的改變，很多廠商覺察到，要想繼續生存就必須對自己的產品採取革新，於是低脂巧克力、無糖巧克力、純黑巧克力一個接著一個走向市場。其用意很簡單，就是能夠在滿足大眾理念需求的同時，繼續推銷自己的產品，並從中獲得更為豐厚的利潤回報。而這就是經濟與科技加工鏈下產生的客觀規律，它可以鼓吹各種旗號，但核心價值只有需求和成本控制兩件事。它沒有感情，卻始終調控著我們的生活，假如我們立場不夠堅定，不知道自己真正需要的是什麼，就很容易被它掌控，最終淪為錯誤消費下的被誤導者。

美食技術的加工，確實給我們的生活帶來了很多新鮮感，同時也增加了我們更多的選擇性，但這並不意味著它就能全面的擔負起健康飲食的責任和使命。當一種食材，在各色的加工中改變了原本的味道，我們就應該猜到，如果處理不善，它原本的營養價值就會隨之發生改變。

當然這裡也不乏一些可以最大限度保證食品健康，營養元素不流失的美食加工技術，特素結合食材本身特性，將食材超微粉碎，透過 3D 列印重新塑形，既滿足了人們對事物外形的要求，同時也充分考慮不同食材本身的特性，結合人體消化吸收特點，加工出符合特定人群的功能主食。

地域氣候，締造出的不同烹調需求

　　前面我們講過，食材會根據地域氣候的不同具有各自不同的特性。這點就像人一樣，哪怕是從小分開的雙胞胎兄弟和姐妹，所生長的地域不同，其口味也有所不同。生長在愛甜的地域的人，飲食上會偏甜；生長在愛辣的地域的人，飲食上會偏辣。但不管怎樣，關鍵是要看你是不是真的需要，因為不同的地域連結著我們身體的內在需求，才鑄就了我們對口感本能的選擇。正是因為這個原因，讓我們開啟了烹調世界的神祕大門。

　　縱觀全球，不同的地域，不同的氣候，不同的地方都有自己不同的風土人情。正是基於這個原因，在不同的氣候狀態下，生長出來的食材也是不一樣的。食材不一樣，人們採取的烹調方式也不一樣。出於本能，人總是會選擇最適合自己生活狀態的烹調方法，越是適合於自己的口感，越是容易找到自己最適合的能量營養元素。

　　或許正是基於這個原因，不同地域在經過長時間烹調加工的總結過程中，獨成一體，發展成為具有自身特色的菜品烹調系列，諸如中國的八大菜系、十大菜系，就是在這樣的條件下演變而成的。

　　下面就讓我們以魯菜和川菜為例，來聊一聊不同地域氣候下，人們都有哪些烹飪需求：

　　從山東魯菜的角度來說，魯菜的產生受到歷史文化、地理環境、經濟條件和習俗喜好等各個方面的影響。山東是中國古文化發祥地，地處黃河下游，氣候溫和，因為緊挨著渤海和黃海，所以那裡的飲食以偏鹹為主。

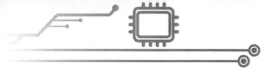

這裡蔬菜種類繁多，是「世界三大菜園」之一，而且水果產量居於全國之首，還有豐富的水產。這一切都為烹飪技法的演化提供了豐富的資源和養料。

早在《尚書·禹貢》中就載有「青州貢鹽」，說明至少在夏代，山東已經用鹽調味。之所以會選擇鹽，與當地地域條件是存在關係的，山東臨海，自古以來就是曬鹽的主要產地，再加上氣候的自然條件，很容易造成鹽分的流失，所以山東人首當其衝的將鹽作為自己烹飪的主要調料。

這就是山東魯菜的特色是鹹而帶鮮的原因。魯菜講究調味純正，具有鮮、嫩、香、脆的特色。十分講究清湯和奶湯的調製，清湯色清而鮮，奶湯色白而醇。它既滿足了山東人適鹹的口感，又在這個基礎上推陳出新，採用別具一格的烹飪技法，最終自成一系，創造了歷史悠久的烹飪文化。

再說四川的川菜，一提到它，不禁讓人想起兩句話，一是「四川的太陽，雲南的風，四川的下雨像過冬」；二是「四川地無三里平，天無三日晴，人無三分銀」。這兩句話講的是四川的雨多，而且一到雨季，氣候就會變得異常陰冷，空氣溼度也會變大。四川的冬季與北方的冬季不同：北方的冬天再冷，只要穿得暖暖的，就不會感覺寒冷，而四川給人的感覺是自內而外的冷，所以很容易患上風溼。四川人們為了抵禦這種寒冷的現象發現了辣椒這種食材，它不但可以活血，還可以驅散溼寒，假如再經過細心烹調，還可以刺激食慾神經，產生愉悅的幸福感。

川菜根據當地食客的需求，運用辣椒、胡椒、花椒、豆瓣醬等是主要調味品，不同的配比，化出了麻辣、酸辣、椒麻、麻醬、蒜泥、芥末、紅油、糖醋、魚香、怪味等各種味型，無不厚實醇濃，具有「一菜一格」、「百菜百味」的特殊風味，各式菜點無不膾炙人口。

由此來看，地域的不同會讓人們對於飲食的需要也有所不同。不同的

氣候環境，鍛造出了人們不同的飲食結構和口味，更令我們感到新奇的是，即便是各地的氣候會給我們人體帶來不同的影響，卻總是能在自己的身處之地，找到能夠解決問題的食材珍寶，並以此作為基準，不斷研發找到適合自己的烹調方式。

美食之所以能代代相傳，是因為與人們的需求有著必然的關聯，美食的版圖上不僅僅記錄著色香味的口感和文化，更重要的是記錄了一代又一代人對飲食結構的探索和鑽研。假如食物起初是為了維繫生命，那麼對於食物的選擇需求，則來自於我們人類與自然抗爭所留下的寶貴經驗和心路歷程。正是人們對這些經驗的幾經雕琢，才發展成為今天的這種特殊的美食藝術，讓你在每次咀嚼食物時會品味到一些記憶，給你難以忘懷的戀戀食緣。

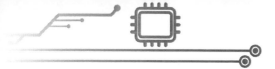

執行於人體六意間的食物加工技術

　　六意，指的是人的「眼耳鼻舌身意」。對於一個人來說，最真實的來自於親身的體驗和感受。對於烹調技法而言，之所以有的師傅能真正做到「色香味」俱全，首先迎合的就是人們六意的真實感覺。

　　儘管每個人每天都要吃飯，但這並不意味著，每個人都能吃到自己想吃的東西，這裡面有地域的關係，有氣候的關係，更重要的還有我們所要花費的成本。例如，當年唐明皇的時候，專寵楊貴妃，楊貴妃想吃新鮮荔枝，他不惜讓差役用八百里加急快馬運到長安皇宮裡面。但那時大多城中的老百姓還尚不知曉荔枝是個什麼東西，味道又是什麼樣子。對於他們來說，六意的感官並沒有因為荔枝這個詞的刺激而有什麼不一樣的感覺，每天還是自己簡單的一日三餐，把白菜豆腐當作翡翠白玉，並說服自己這樣的飲食結構是最健康的。

　　烹飪技術的初始階段，就是源於人類生存成本的需要。當人們利用這種方法更好的維繫了自己生存的需要時，開始對食材烹飪加工技術進行更深入的研究，努力讓每一餐飯達到令自己更滿意的口感。

　　從中醫的角度來說，酸甜苦辣鹹，代表了我們人體臟器不同的需要。從五行相生的理論來看，酸代表著肝臟的需求，甜代表著脾臟的需求，苦代表著心臟的需求，辣也就是（辛）代表著肺臟的需求，鹹代表著腎臟的需求。當我們的味覺上更偏好於哪一種口味時，這就意味我們人體的臟器正在向我們告知自己的需求。

人吃各種事物，主要是為了攝取各種營養物質。因為營養物質的匱乏會導致各種疾患的出現，當然，單一營養物質攝入過量也會引起相應的不適。人體是個複雜系統，當身體匱乏某種營養物質或者產生營養物質超量時，人體會自動調節，改變對食物的感官評價，或者選擇多攝取部分食物，或者選擇少攝入部分食物。

一道好的美味佳餚，講的是色香味俱全，拼的不僅僅是營養，更是一種綜合實力。而其中色香味的主要用途，是為了更有效更直接地刺激我們人體的六意感官，以此來更好的催化我們對食物的慾望。

歷史上有效利用人體六意解決困境的故事是三國時期的曹操。

東漢末年，曹操帶兵去攻打張繡，一路行軍，人困馬乏。此時正值盛夏，太陽曝曬，宛如天上的一個大火球散發著巨大的熱量，人走在快要烤焦的大地上備受煎熬。此時曹操的軍隊已經在這種狀態下走了很多天，大家都提不起精神。加上這一路上都是荒山禿嶺，沒有人煙，方圓數十里都沒有水源。儘管大家想盡一切辦法，也始終都弄不到一滴水。

就在將士們一個個被曬得頭暈眼花、快要虛脫時，曹操突然靈機一動，腦子裡蹦出一個好點子。他站在山崗上，抽出令旗指向前方，大聲說道：「前面不遠的地方有一大片梅林，結滿了又大又酸又甜的梅子，大家再堅持一下，走到那裡吃到梅子就能解渴了！」

戰士們聽了曹操的話，立刻想起梅子的酸味，宛如真的吃到了梅子，口裡頓時生出了不少口水，精神也振作起來，因為心中有了希望，便鼓足力氣向前趕去。就這樣，曹操終於率領軍隊走到了有水的地方。

曹操透過調動官兵的六意感官，讓他們在意念中看到了酸甜的梅子，宛如聽到了風兒吹動梅林的沙沙聲，之後又憑著自己往昔吃梅子產生的口感記憶，分泌出了唾液，聞到了梅子清爽酸甜的氣息，最終讓大家在林間

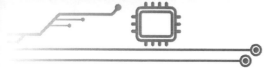

痛快吃梅的場景深入進了他們的大腦，消除了他們的疲勞，將他們從死亡的邊界重新拉了回來。

　　一道好的美食也是如此，看到顏色鮮亮，聽到就讓人產生迫不及待的慾望，聞到口水就會開始不自覺地分泌唾液，吃到嘴裡，內心就充滿愉悅的滿足感，身體碰碰，看看飯菜的溫度是不是剛剛好，當意念中的佳餚刺激味覺時，會讓思緒飄飛，腦海中浮現出各式各樣食用可口美食的美好幸福的場景。

　　加工食物的技術確實在人類的飲食方面提供了很好的助力，不管是出於個人喜好，還是出於地域局限性的選擇，很多讓自己難以下嚥的食材，經過人們細心的烹製，變成了一道道可口的美味佳餚，它的神奇魔力，讓人們不再對自己不喜歡的食物有排斥心理，甚至心裡會覺得：「想不到這種食物還可以如此好吃，其實我可以接受它，接受它並沒有想像中那麼難。」

　　一份簡單的食材，能夠衍生出煎炒烹炸燉煮悶等諸多烹飪技術工藝。到了科技發達的現代，食品加工技術行業在高科技的衍生和進化下，有了更為多元化的食品加工模式。例如一些速食食品，為了能夠達到讓人欣然樂受的美食效果，就在調味技術上做足了功課。單以泡麵這一類食材來說，就衍生出了各式各樣的口味品種，每一種口味都經過反覆的市場調研，以至於有足夠的吸引力勾起你心底的饞蟲。泡麵提供的是方便的功效，但是從健康角度分析泡麵的問題還是很多。

　　事實上，食物的加工技術，始終都是執行在人體六意當中的，越是市場化運作，越是會將直接的服務對象定位在人的慾望需求上，這樣才能讓自己的產品具備有效的核心競爭力，擁有一定量的行銷價值。其中心思想是：「即便是不怎麼樣的食材，在我的細心加工下變成大眾炙手可熱的美

食產品,只要別人做不到,我做到了,我的客戶群就會越來越多,越來越穩定。」而人與食物的連結,本身就存在著癮性,認準了這個口味,就很難不對它心生依戀,每到有人提起,總是忍不住想再去吃一次。

功能主食未來發展趨勢要透過各種加工工藝,在充分保證各種食物營養健康的情況下,提供更多可選的味道、形狀與烹飪選擇,不斷滿足人們日益個性化的進餐需求。

過去的老人總是這樣叮囑要出嫁的女孩:「想鎖住自己的男人,就要先鎖住他的胃。」這話在當時的確很應驗,一日三餐的確很重要,因為健康美味的食物會帶給我們一天的好心情。但凡是能鎖住一個人的胃,也就從某種程度上控制住了他的六意,讓他覺得吃什麼地方的飯都沒有你這裡好吃,自然心也就在你這裡了。食物加工技術就具有這種神奇的魔力,能長久地控制住人本的六意。

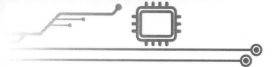

品味與文化，讓食物技術成為一門藝術

當人們滿足了飽腹的基本需要，物質需求就會慢慢上升到精神需求的層次，除了口感的滿足，人們還希望從各路食物中解讀出更為深刻的東西，如此一來，烹飪就從維繫生存轉化成了一種人生藝術，擁有了屬於自己的品味和文化，它於我們的內在精神彼此連線，調節著我們的情感，讓我們的生活更有情趣。

當我們衣冠楚楚地走進一家高檔飯店，拿著選單點上幾道精緻的佳餚時，與其說想去好好感受一下美食的刺激，不如說是想感受一下其中別具特色的文化氣息。每一道菜餚，看上去雖僅是一種吃食，卻不僅局限於此，它連線著我們的思想，連線著我們的文化，是一種歷史悠久的傳承，它蘊含在我們深邃的骨血裡，入口瞬間給我們最美妙的味覺刺激。

為了能在滿足生存的前提下不斷優化自己的生活，人們不斷地在飲食上拓寬著新的領域，他們努力調配自己的口味，馴化著手中食物的特性，最終才有了今天我們對於美食的這份依戀，才有了關於飲食的非凡品味和璀璨文化。

其實，食物的加工技術，本身就是一門精彩的藝術，不論是從色香味的角度，還是從深蘊其中的品味故事，無一不是吸引我們眼球的亮點。細細想來，人類的智慧真是偉大，他們在古老的生活環境下，竟然能夠想出這麼多方法對食物進行合理的馴化，最終在讓自己活得健康滿足的同時，將這些創造幸福的方法延續到了千秋萬代。

　　從某種角度來說，飲食文化，是隨著人類社會的出現而產生的，又隨著人類物質文化和精神文化的發展而不斷形成的。在飲食學中烹調學是一個中心環節，它是人類食物加工技術的開始，是提高人類體質和促進食物馴化的智慧展現，又是人類文明進化發展的一種重要標尺，富有極為深刻的內涵和價值。一個國家和民族食物構成的飲食風尚，是可以最直接，最透澈的反應該民族的生產狀況、文化素養和創造才能的，它是人們利用自然、開發自然的有效方式，是民族特質最為直觀的顯現。

　　中國被世界人民稱為烹調王國，這不是中國人的味蕾有天生的特異功能，而是因為有獨特而深厚的烹調文化傳統。早在本世紀初年，孫中山在他的《建國方略》中，就曾多處論述中國的飲食文化，他曾指出：「烹調之術本於文明而生，非深孕乎文明之種族，則辨味不精，辨味不精，則烹調之術不妙，中國烹調之妙，亦足表明文明進化之深也。昔者中西未通市以前，西人只知烹調一道，法國為世界之冠；及一嘗中國之味，莫不以中國為冠矣。」

　　其實所謂飲食的品味和文化，並非僅僅局限於咀嚼，它還很有可能衍生出更多的豐富內容，例如，中國古時候的文人墨客，就有一邊吃飯一邊題詩作對的風情雅緻。一餐飯食下來，有人彈琴擊缶，有人輕歌曼舞，有人舉杯吟詩，有人提筆作畫，堪稱是當時一大風雅時尚，既連繫了感情，又讓整個氛圍充滿了高雅的文藝典範。

　　美食不但可以飽足自己的胃，還可以藉此發揮陶冶自身的性情。比如宋朝的著名文學家蘇東坡，就在研究美食的過程中寫下了很多有意思的詩句。例如他在被貶黃州以後，研究烹煮豬肉的過程中，就寫了這樣一篇《豬肉訟》：「淨洗鐺，少著水，柴頭罨煙焰不起。待他自熟莫催他，火候足時他自美。黃州好豬肉，價賤如泥土。富者不肯吃，貧者不解煮。早晨起來打兩碗，飽得自家君莫管。」

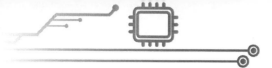

　　此外，著名詩人陸游也是一位精通烹飪的專家，他在《山居食每不肉戲作》的序言中記下了「甜羹」的做法：「以菘菜（白菜）、山藥、芋、菜菔（蘿蔔）雜為之，不施醯醬，山庖珍烹也。」並詩曰：「老住湖邊一把茅，時話村酒具山餚。年來傳得甜羹法，更為吳酸作解嘲。」這一系列的經典詞句，無不顯露出當時人們對美好生活的嚮往，雖然只是著手烹飪了一道特色美食，但飲食一跟文化連結起來，其特有的韻味氣息就開始順著人的思想蔓延開來，構思成了一幅溫情滿滿的藝術畫面。

　　從飲食到藝術，看似很遙遠，但卻在精神世界彼此相通，互有共鳴。單以中國為例，刻劃和繪畫及造型美術，透過飲食題材表現各種思想感情的，就內容廣泛。例如：1954 年，在山東沂南漢墓出土的畫像石《豐收飲宴圖》和《樂舞百戲圖》，就將當時漢代大莊園主的生活飲食狀態原景呈現。1954 年，河南密縣打虎亭村出土漢墓壁畫刻劃的一幅《庖廚圖》，詳細的將豆腐作坊做豆腐的整個過程，一道道工序的刻劃在圖上。而歷史名畫《韓熙載夜宴圖》和《春夜宴圖》，則把唐代和明代封建貴族宴飲的場面和情調描繪的淋漓盡致。

　　這一系列以飲食為主題的藝術表達形式，就是過去人們在生活過程中享受美食的無限樂趣，飲食讓他們不斷地開發著自己的創意，飲食技術讓他們從日常生活中獲得了藝術的薰陶，找到了藝術的感覺。如果說飲食起初解決的是人生存的基本問題，那麼文化的攝入就賦予了它無限深遠的價值和意義。

　　隨著人們的品味和文化層次的提升，食物加工技術成為了一門藝術。當思想文化與膳食品味交織在一起時，我們的靈魂在身體中幸福的安住，靈感的迸發讓生活有了更多新的樂趣，它讓我們端起碗來就有微笑，放下筷子就會知足，一字一畫，一酸一甜，都傾注了人們對於這世間最真摯的情感！

酸甜苦辣鹹鮮，烹調背後的食物馴化技術

　　人生百味，每一味都有數不清的精彩故事。而食物的酸甜苦辣鹹鮮，與其說是一種味道，不如說是一種調和我們人體身心平衡的神物。烹調的極致，不在於美味，而在於人們對食物的深刻理解和馴化，正所謂物盡其用，讓食材充分發揮它的價值，最終將其合理有效的與人類的胃口連結，才是烹調背後，人與食物之間最深刻的馴化交流。

　　印度的調料很出名，光咖哩就有 N 多種你想像不到的品種。然而，真正齊全的調料應用就在中國，酸甜苦辣鹹鮮，不同的食材配上不同的調味品，做出來的美食常常給人一種致命的誘惑。那麼，這些調料背後到底藏匿著怎樣神奇的魔力呢？下面就讓我們跟隨著中華傳統的調味軌跡，一起來探尋佐料背後的精彩故事吧。

1、酸

　　酸味是飲食中不可缺少的成分，可以有效地促進人體的消化吸收，尤其是在北方，水質硬，鹼性物質較多，所吃的食物又很難消化，所以在製作菜餚的時候，往往會下意識地加一些酸醋，以此來增加胃液的酸度，既可以有效的促進食慾，又有助於食物消化。醋的酸性可以促使體內過多的脂肪轉變成體能消耗，還可以消化身體吸收的糖和蛋白質，讓新陳代謝順利進行。所以，中國人會在厚味過多的宴席上，配上一些酸味解膩的菜餚。在中國的調味大觀園裡，不同的酸味具有不同的特性，酸味與酸味之間也是存在一定的區別和差異的，不僅梅酸、果酸，醋酸味道不同，單醋

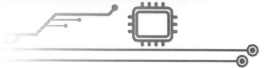

這一種調味品，種類和調味效果就千差萬別，而且不同的地域，青睞的酸味也不一樣。例如，北方人將山西的醋視為純正的酸醋，而江浙一帶則視鎮江醋為正酸醋。

2、甜

甜和古代的「甘」感覺好像很相似，但事實上是有所不同的。「甘」在古代是對美味的一種評價，指的是可以含在嘴裡，慢慢回味的美食。但是甜，則指的是調料，例如甜酒、糖、蜂蜜的調味品的味道。在烹飪學中甜在基本味中起的是反衝的作用，假如鹹、酸、辛、苦太多，那就不妨加點甜味料緩衝一下，以此來削減它對味蕾的刺激。同時在烹製菜餚的過程中，加點糖，還可以造成提鮮提色的作用，但老廚師知道，儘管美味佳餚離不開甜味潤色，但絕不能太多，一旦讓客人嘗出了甜味，那就說明功夫不到家。而且甜味在調味品中也是各有其類，差別很大，人們一般都將蔗糖的甜味視為正味。

3、苦

苦味是食物中所含的生物鹼，萜類等有機所產生的，苦味在調味中很少單獨運用，卻是烹飪中不可缺少的調味料，很多有經驗的廚師會在燉煮肉類佳餚的時候，特意放上陳皮、丁香這類苦味的調味元素，苦味可以有效的去處腥味，將肉類本有的香味激發出來。而且在當下看來，苦味也漸漸成為很多食客青睞的一種味道，它能健脾生津，有些還可消解肝火。川菜中常以怪味盛名，而其中的一大怪味，就是苦味。

4、辛

辛辣的刺激性是由辣椒鹼、黑椒酚、薑酮、硫化丙烯等有機化合物創造出來的味覺體驗。古代所說的辛，只是指蔥、薑、蒜、花椒、桂皮、食

茱萸、韭、薤、芥子等蔬菜的味道，而我們今日所說的辛辣主要指的就是辣椒的味道。辣從嚴格意義上講並不是味覺，而是一種痛覺。在用辣椒的時候，人們都會遵守這樣的一些原則，比如辛而不烈，辣而不躁，辣中有香，辛而有味，既能讓人感受到辣椒本有的熱烈，又能享受辣的香味。因為辣吃多了會傷胃，所以一定要以鹹鮮為基礎，有經驗的烹調高手會把辣的味道烹飪到恰到好處，這種恰到好處就是辣很香，所以讓你吃得很過癮，即使辣也能給你帶來飲食的美感。

5、鹹

鹹味是整個調味中最純粹、最簡單的一味，清章穆《調疾飲食辨》中說：「酸甘辛苦可有可無，鹹則日用所可不缺，酸甘辛苦各自成味，鹹則滋五味。酸甘辛苦暫食則佳，多食則厭，久食則病；病而不輟，其實則夭。鹹則終身食之不厭，不病。」由此看出，鹹味對於我們來說是多麼重要，各種味道要想在菜餚中發揮極致，肯定是離不開鹽的調製，人們常說「鹹吃味，淡吃鮮」，便說明瞭鹽的提味作用。

6、鮮

從字面意義上來理解，魚羊為鮮。鮮是一類食材味道的代表，鮮代表了優質蛋白。鮮也代表了人類對美食的無限追求，希望邇到更新鮮的蔬菜，更鮮美的各類肉食。

一位烹調大師說：「天下食材各有各的味道，烹調的酸甜苦辣鹹實際上就是在對食物進行合理的馴化，讓它的口感更為純正，更能被大眾青睞和接受。」從烹調的角度來說，善於烹調的高手，不論你傳遞給它怎樣的食材，他都可以針對食材的特性，迅速的在調味品上做出選擇，一旦烹飪得法，調料到位，端上來的一定是一盤色香味俱全的美食。

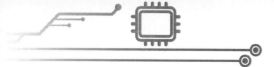

　　其實，人們發明調味品的目的很簡單，就是把難以下嚥的食物變得更符合自己的胃口。只是到了後來，人們本著生存的目的，才不斷地研發烹飪技法，而可喜可賀的是，當生活質量提高以後，這種沿襲下來的烹飪技術並沒有因此而衰落，相反它給我們的生活帶來了更美好的色彩，直至今日，酸甜苦辣鹹鮮的調味品依然在影響著我們每一頓飯，它在馴化了食物的同時，經過幾千年的沿襲也不斷地馴化著我們的口味，讓我們因此而感受到了美食世界的博大和烹飪藝術的精彩。

技術下的美食快感，締造幸福感的一條捷徑

　　有人說美食是最健康的一種癮，當你飢餓時，如果能吃到好吃的東西就會感覺到幸福。美食又是一條通往締造幸福感的捷徑，其運用的技能和最終成就的作品，總是能夠令人眼前一亮，讓人產生「吃完這頓，下頓還想吃」的感覺。其實這種感覺源於我們對食物最原始的慾望。

　　中國是一個農業大國，古時候老百姓最開心的生活狀態，就是白天在田地幹活，三餐能吃到自己辛勤耕種的農作物，每當品味自己的勞動成果時，心中就有說不出的喜悅。之後隨著人們內在需求的提高，很多人開始嘗試將手中的食材進行有效加工，形成定量的商品推向市場，與更多的人分享自己的美食。而這對於技術革新而言，具有建設性的意義。

　　我們之前說過，人在吃到一餐美味的時候，大腦很容易會分泌出代表快樂素的多巴胺和幸福素內啡肽。在這兩種元素的作用下人的情緒會很愉悅，內心充滿滿足感。至此，也正是基於這個原因，人們才對食物加工技術高度重視，因為它是最廉價的締造幸福的方式，透過簡單的一日三餐，就可以源源不斷延續，而所謂的「民以食為天」應該是基於這樣的發現而總結出來的經驗吧。社會在不斷推進，人們對於美食的要求越來越高，食物加工技術也在根據不同時代的需求發生變化，但不管怎麼變，初心只有一個，那就是幫助人們在解決溫飽的同時大限度地獲得幸福感的體驗。

　　目前，很多年輕人成為吃貨一族，就是受美食快感的誘惑。他們每到一家精緻的餐廳，還要掏出手機把美食拍下來發朋友圈。對他們來說，美

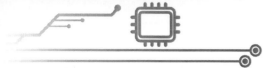

食是生活中不可缺少的調劑品，有了它生活才算真正有滋有味，不管開心不開心，一頓飯下來，心裡會有莫名的快樂。正如時下流行的一句話：「沒有什麼事情是一頓火鍋解決不了的，如果有，就兩頓。」

從心理角度來說，人們只有感覺自己獲得了一定成就的時候，內心才會產生幸福感，大腦的多巴胺才能有效地分泌出來，但面對如今繁重的工作壓力，想快速完成自我成就，並不是一件容易的事情。而相比之下，在享用美食這件事上，我們憑藉古老基因本能的記憶，就可以很順利地擁有這種美好的感覺，這也就是為什麼很多人心情好的時候找人吃飯，心情不好的時候也要找人吃飯。

那麼，美食的加工到底能給人帶來怎樣的幸福感呢？

首先，從古代的角度來看，美食的幸福感不僅僅在於品味，也在於整個研究和製作的過程。例如，早在 3000 年前，我們的祖先已把大豆看作重要的雜糧，又透過發酵工藝，把大豆製成醬油和多種醬類調味品，到了西漢前期，又從大豆中創造出豆腐製品。今天豆腐系列食品，已增加到 100 多種。這一系列的嘗試和經驗，無疑更加豐富了當時人們的美好生活。

其次，從戰國以來，介紹種植業、養殖業、食品製造業、飲食與烹調、食療等的著述已經有了很多。到魏晉南北朝期間，更是高達三四十種，可謂達到了里程碑一樣的影響。只可惜這些著述絕大部分都已失傳。但僅從流傳下來的《齊民要術》中，我們仍可以看到這時期有關飲食和飲食文化的豐富內容。

例如早在南北朝時期，人們就透過自己的智慧，練就了製作「奶油餅乾」的絕技。他們用水碾把米、麵、豆類和其他雜糧都碾成細粉來食用。當時，他們在做燒餅時，已懂得在發酵麵中加蛋和牛奶、牛油（或羊奶、

羊脂），烤出來的餅鬆脆可口，稱「雞子餅」，或取其形狀，稱為「環餅」、「截餅」。而且和麵的配料是奶油，做出來的餅子「入口則碎，肥如凌雪」，儼然就是穿越版的奶油餅乾。

論養生，論創意，古人在美食技術上天分並不遜色於新時代的我們，他們在果汁方面的玩法已經到達了讓人拍手叫絕的級別，為此，他們還把這種發明出來的方法取名「梅瓜法」，做法是用冬瓜汁、烏梅汁、橄欖汁、橘汁、石榴汁、兌以薑汁、蜂蜜，加水煮沸，澄清，放涼，可貯存數日飲用。這種清涼的雜果汁，飲後口齒留香，絲毫不遜於我們現代的飲料、甜品。

回想一下往昔祖先的生活，與世無爭的黃老思想，讓他們願意花更多的時間來鑽研飲食，探求生活，在品味美食的儀式感中體會生而為人的喜悅和快樂。不可否認，美食帶給了大家無盡的創意和快感，也讓人們在一日三餐中平添了樂趣，品味到了生命的真諦。

而當下，各種食品加工技術可謂風生水起，雖說不能達到只有你想不到的，沒有你吃不到的境界，但只要經濟允許，你就能從市面上找到自己想吃的東西。隨著技術革新，食物透過批次生產加工源源不斷地推向市場，人們開始對食物產品有了更高的期待和要求，在他們看來真正的幸福感不只局限於食物的美味，收穫更多的應該是健康。

在美國矽谷，有一批人開始倡導用代餐的形式把吃變成一件任務，但前提是能夠在代餐營養內容上達到一個高質量的標準，這樣一來，人們在食物上的精神訴求沒了，就可以更專注於工作，整個人生會變得更有效率。還有一類人則希望能夠在食品原料上進行一次大規模的革命，用植物來製造代替肉類，在保證原始口感和造型的同時，透過高技術手段來有效地減少食物生成過程中消耗能源產生的汙染和對動物的傷害。假如這一

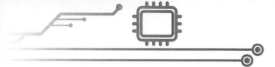

理念最終成為時尚的主流，那麼我們飲食結構的天平很可能會更偏重於健康。

　　現代人著眼點的確更在意成本效率問題，但這並不意味著要把自己改造成肉體高效機器人，在擁有緊張工作的同時，他們也同樣需要享受生活，因此即便是功能性主食，想廣泛的拓寬市場，也必須考慮如何有效地迎合大眾口味。功能性主食從大健康的角度來說，或許會成為人們在未來世界飲食結構方面的新選擇，功能主食是綜合營養學、藥食同源理論與食品工程學的技術優勢，營養成分與配比優於普通主食，食用方便快速，可完美替代醫學視角特定人群的傳統普通主食，達到營養關愛、促進健康目的的主食。功能主食的首選目標是老弱病殘孕疾，未來會涵蓋健康人群，包括都市白領，健身男士，青少年等相關人群。特素是功能主食概念的發起者。

第三章
格局與需求，誰是食品產業鏈走勢的利益方

　　人有人的格局，食物有食物的格局，而食物的格局往往是依託於人類智慧而不斷延展的。遙想當年它們僅僅是叢林中默默無聞的一類雜草，卻因為遇到了人類而發展壯大，延展到了世界的每一個角落，並在人類的創意加工下轉變成了各式各樣的形態，成為了大眾生活中不能缺少的必要元素。它們在滿足人類需求的過程中，擴張自己，無形的成就了自己的格局，在這場食品與人類之間的產業連結中，到底誰是真正的利益方，還真的難下定論。其實，食物與人類在這種相互依存的關係成就著彼此，兩者方向是一致的，即：基因的傳承。

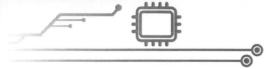

問問自己：
你的食物鏈目標是什麼

　　大自然是由一個連結接著一個連結締造而成的，天地之間是一個大循環，天地之內的每一個生靈都有著自己的循環，循環與循環之間又環環相扣，建立著不同的連結關係，而食物連結可以說是最為直接的一種，知道自己想吃什麼，要吃什麼，是生物本能的食物鏈目標。

　　「螳螂捕蟬，黃雀在後。」這個過程充分的向我們表現了生物與生物之間客觀存在的食物鏈關係。作為人類，我們很幸運地站在了食物鏈金字塔的頂端，世間一切生物，只要我們想吃，就一定可以吃到，但這並不意味著，在我們與食物內在的連繫中，每一種連結都能幫助我們達到自己內心渴望實現的目的。因為高於一般生物的智慧能力，讓我們意識到了食物中的內涵，不僅僅只有飽腹感那麼簡單，它應該還包含了更能滿足我們內心慾望的其他內容。

　　從食物產業鏈的衍生和發展中我們不難看出，食物產業鏈的走勢，不是由食物決定，而是由最大受益的利益方決定的。假如食物一開始只是單純的幫助人類解決不挨餓的溫飽問題，那麼現如今，食物產業鏈的發展已經衍生出了更為廣泛的價值內容。為了讓所攝食的產品更能贏得大眾的接受和追捧，為了能夠在產業鏈中創造更大的價值，人類對於擺在面前的食物資源不斷地進行著馴化。而事實上，食物從人類發展史上，本來就是作為一種掠奪占有的工具出現的。誰是食物的最終主宰者，誰就能在群體中

更好的活下來，食物的使命和主宰者的現實目標，從一開始就有著深度的捆綁。這也就意味著，不同的食物鏈目標，必將締造出不同的飲食結構模式，以及截然不同的食物產業連結價值。

從人類大腦的主食晶片來看，我們會很自然地下意識將食物分為三種，一種是身體所需要的食物，一種是社會食物，一種是習慣性食物。每一種食物之下都建立著不同的食物連結目的，對應著我們人類在不同時期，不同場合對食物所產生的需求差異。

例如，對於一身疲憊的飢餓者而言，食物是當下最需要也是最珍貴的東西，它是維繫自己生命的重要食糧，為了能夠得到這份食糧，人們可能會因為飢餓而對食物產生爭奪，甚至還會發起群體與群體之間的戰爭，這種情況在原始社會很常見。人們為了生存，把食物看得比生命都重要。而中國的那句「五穀不豐，江山不穩」的古話，詮釋的正是這一深刻含義。對於人類來說，最重要的是維繫自己生命的飯食。能量是所有動物的第一訴求，是維繫身體功能，保持體溫，生長發育與繁衍的基礎。食物的第一層含義就是維持人活著的意義，是人類作為動物最本能的需求。

而社會性食物則包含的面更為廣泛，它所富含的價值未必僅僅局限於食物，相比之下食物只不過是一種工具，能夠更好地連結人與人，人與社會之間的關係。其中社交性食物就是一個很明顯的例子，中國人好面子，一說談事情都會約對方吃個飯。因為他們知道，人們在享用美食過程中更容易精神愉悅，假如再配上美酒，人與人之間的生疏感就會迅速消散，彼此之間就會越來越親近，事情也就更容易談成。儘管這個時候排場大，美食也少不了，可其價值所在已不僅僅局限於美食所帶來的滿足感那麼簡單了。而對於社會而言，古代皇帝祭祀天地，安定民心，有著標準的設宴飲食規範，而如今國家元首與國家元首見面，國宴也是一項非常重要的禮賓

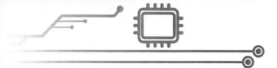

專案，其所內涵擴充套件到了國家對國家的尊敬與外交建設，也展現著一個國家權威及發展程度，內容一多元化，美食的價值就不再僅僅是美食本身了。食物的社會價值的另一個現實反應就是文化食品，例如不二坊的月餅，鼎泰豐小籠包，金門高粱等，這些文化食品代表著一個文化的傳承，這是食物的第二層含義。

而習慣性食物則來源於我們成長過程中所經歷的家庭環境，例如，如果我們在很小的時候，父母讓我們吃的主食是饅頭，那麼我們長大以後從認知概念上就會認為，有饅頭才算有了真正的主食，即便是已經吃了滿滿一碗米飯，還是覺得沒吃主食。這是因為我們的食物鏈目標，是很容易被外界賦予的影響所影響的。

所謂健康理念、葷素搭配、主食理念，在習慣性食物這個層次上，都算不上多重要，除非家庭外在環境認為這一切很重要，並對我們言傳身教，我們的意識才會認為這一切很重要。因此，習慣性食物的食物鏈目標，中心環節在於我們從小到大言傳下來的習慣，至於吃什麼，怎麼吃只要習慣了，就不會覺得哪裡有什麼問題。針對這些問題，我們後面還會進行詳細論述。

我們大腦中固有的主食晶片中，原來裝載的就是這樣的飲食結構系統，而全新的主食晶片下，功能性主食的發展又將給我們帶來怎樣的不同呢？我們知道，人的大腦是可以透過後天的努力而進行自我更新的，當接收了更新鮮的事物，體會到了更健康的生活模式，我們的大腦自己就會做出判斷，並依靠著我們的創新智慧開拓出一條更為健康的食物鏈目標之路。

功能主食所倡導的是一種全新的飲食概念，儘管我們還是會站在食物鏈金子塔的頂端，但我們攝食食物的方式會更加科學化、精細化，時代發展

昇華到一定層次以後，我們人類便不再為了單純的飽腹感而發動戰爭，社會飲食結構也會隨著文化級別的提高變得更為多樣化，而以家庭為單位的習慣性食物鏈，也會隨著生活水準的提高發生改變。這時候功能主食的新型主食結構，將帶著全新的飲食生活理念出現在我們面前，它的目標更明確在「健康」二字，可以更直接有效地滿足我們對於自身營養健康的內在需求。

　　現實生活中，人們理想的飲食模式與生活模式存在著一定的衝突，比如，糖尿病患者，需要攝取主食供能，但是又必須限制碳水化合物的攝入，這個時候需要對其飲食結構及飲食習慣進行逐步優化。

　　基於此構想及現實情況，特素立足於健康康復領域，創新研發系列功能主食，旨在幫助其匯入健康的飲食好惡取向，重塑健康的飲食習慣。

　　人類僅在最近幾十年才很少受到飢餓的困擾，這是人類歷史上最強勁的殺手。在狩獵時代與農耕時代，即使到了工業革命後，還有很多地區發生饑荒，但是隨著農業技術的進步，貿易的便利，人類將告別饑荒，食物過剩的時代正式到來。但是人類基因好像並沒有快速適應這個改變，所以在見到高熱量、高脂肪、高蛋白的食物時，人的大腦會異常興奮，大快朵頤，而實際上熱量已經遠遠過剩，各種富貴病應運而生。導致這種現象的原因是人腦還沒有進化出適應食物過剩時代的主食晶片，人類還在用幾百萬年前的主食攝取習慣。

　　在整個發展的大環境中，人類會在自我發展的過程中不斷地對自己的食物鏈、飲食結構做出調整，從單純的飽腹爭鬥，口感上的技術加工，再到將食品作為商品推向市場的行銷新模式，人會一步步向著更健康，更高階的方向邁進，我們不妨試想一下，假如有一天功能主食食品替代了我們固有主食晶片中的傳統飲食結構，那在這一新興的食物鏈中，你必須明白自己要達到的飲食目標。

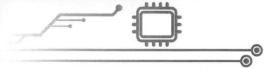

藏在主食裡的經濟性和商業性

不管時代如何發展，人們的大腦意識中永遠存在著經濟性和商業性概念。一份食品，它有什麼樣的價值，我們到底應該做出多少投入來擁有這份價值，這都是經濟性、商業性槓桿所要考慮的問題。同樣在每個人的主食晶片裡，都有自己的經濟性系統和商業系統，它不但可以幫助我們更好地應對人生，還能幫助我們以更好的狀態面對碗裡的飯，而在它無形的調控下，我們的一日三餐又發生了什麼樣的變化呢？

假如有人問你：「對於一個人來說，這輩子最離不開的是什麼？」那麼生而為人的你將會給出怎樣的答案呢？或許人的一生中有很多你認為非常重要的東西，比如愛情、事業、財富，但擁有這一切的前提是，你必須先得有足夠自己可以生存下來的食糧，換句話說，對於一個人而言，食物比任何東西都重要。

回顧歷史，古代的階級領導者，最為重視的就是農業的穩定發展，因為他們知道，糧食缺乏，老百姓就吃不上飯，老百姓只要一挨餓，為了得到食物就要造反，只要造反的人多了，天下就會不安定。因此對於古人而言，糧食經濟的調控是國家的重中之重，是國家長治久安的命脈，誰把握住了食物這個關鍵槓桿，誰就等於得到天下的大半壁江山。

春秋戰國時期，名相管仲就意識到了糧食經濟對於民生的重要，由於當時他所在的齊國，糧食價格很不穩定。豐收的時候，糧價貶的很低；歉收的時候，又漲的很高。為了解決這種情況，管仲經過審慎思考，實行了

糧價準平制：糧食在豐收的時候，由官方以統一價格大量收購；糧食歉收的時候，則將這些儲備的糧食再大量予以賣出。

這樣一來，就達到了有效平抑了物價的效果，既有效的保障了生產利潤，又有效的安定了社會民心。其功能很類似於當下的中央儲備糧。

從經濟原理角度來說，在其他不變的條件下，商品的需求與商品的價格是成反方向變動的，即商品的價格上漲商品的需求減少。反之在其他條件不變的情況下，商品的供給和價格的同方向變動，即是商品的上漲和商品的供給增加，相反定理是這樣告訴我們的，在其他條件不變的情況下，需求變動分別引起均衡價格和均衡數量同方向的變動。供給變動引起的均衡價格反方向的運動，引起均衡數量的同方向變動。食物有經濟屬性。食物資源關係國計民生。

也就是說，當糧食產品出現供不應求的情況，價格自然就會有所提高，假如這時候人們無法接受提高後的價格，社會經濟穩定就將面臨嚴峻的考驗。

食物雖然僅僅是一種食物，是為我們身體服務的，但同時它也是一種商品，是可以透過商業買賣獲得最大化利益的一種有效商業產品。這種經濟性和商業性，是隨著時代的進步，人類社會的發展而一點點推進衍生出來的。

讓我們順著時代發展的軌跡更好地回放一下人類與食物之間的關係。早在最原始的時代，人們對於食物的來源完全依靠的是掠奪和競爭，為了能夠爭奪更多的食物，部落與部落之間動不動就會發起戰爭，這時候的人們心中沒有所謂的經濟理論和商業理論，他們的著眼點在於生存，始終都是食物在哪裡，自己在哪裡，整個狀態是被動的，對食物沒有百分之百的控制權。

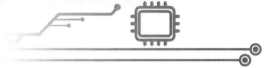

人們進入農耕時代後，因為掌握了農耕技術，人們的生活一天比一天穩定，他們不再追著食物跑，而是將自己的家安定在田園之中，努力的發展養殖業、紡織業，組建自己以家庭為單位的生活模式。也就是在這個時候，人們對糧食的經濟調控開始出現，首先出現的是人們以以物易物的模式，獲得自己更為需要的用品和食物。

再到後來，部落逐漸衍生成為國家，每個人就必須按照國家的要求上交地稅、人頭稅給中央機關。為了發展國家貿易，贏得更豐厚的利潤回報，國家與國家之間有了更多的商業往來，有些地方還特別為商業往來創辦了專門的市場，在國家政策的允許下，倒賣各種食物生活用品的商人出現，儘管此時的他們地位卑賤，同屬於無產階級，但豐富的知識和遠見促使他們對自己的生活做出改變，在有效調整個人經濟的同時，也無形的推動和影響了整個世界的發展。

隨後人們進入工業時代，食品經過快速加工，作為商品源源不斷地推向市場，此時市面上食品的選擇越來越多，人們在消費上的選擇也越來越謹慎。這時候的我們開始認真的思考自己究竟需要得到哪些適合自己的食物。儘管工業化社會的食品市場確實在相當程度上滿足了我們對食品多樣化的需求，但與此同時也暴露出了很多問題和弊端，因為工業社會的核心不在於滿足需求，而在於成本和利潤，如何以最低的成本換來更高的利潤回報，才是他們最關心的問題。

為了達到這一目的，很多商家不惜鋌而走險，在食品中加入諸多廉價的有害物質，在保證口感的時候，把成本降到最低，對消費者的健康安全忽略不計，於是類似於蘇丹紅事件、地溝油事件的事始時有發生。雖然有關部門加大力度檢查，還是無法完全制止，原因就在於這種成本至上式的經濟理念和商業理念，已經根深蒂固地滲透到了工業經濟時代的骨縫裡，

人們無法放下降低成本的慾望，更不願意以削減自我盈利的代價做出任何改善和調整。

當人們經進入一個嶄新的科技時代，儘管當年工業時代的影子一息尚存，但人們在消費理念上已經有了很大不同，網際網路式思維時代，讓他們更願意去接收新鮮事物。在這個生產過量的時代，並不是每一種食品作為商品都能得到大家的追捧和青睞。在人們看來找到自己真正需要的才是最好的，健康的本質在於一定要盡可能多樣地攝取食物中的養分，因此不論是食品的質量還是加工技術，大家都姨此提出了更高的要求。當人們的經濟實力越來越能幫助自己更好地駕馭自我選擇，食品的商業模式就到了更新改良的關鍵時期。如何更貼近消費者心裡，如何在有效控制成本的前提下，最大限度地滿足消費者需求，成為生產商們能不能繼續生存的重要前提，此時的經濟性和商業性，將拓寬到更為深遠的層次，一袋食品看起來是一袋食品，但事實上它和以前的食品意義、食品價值已經有了天壤之別，而其整體的商業營運模式，也在悄無聲息地發生著重大變革。

19世紀德國統計學家恩格爾根據統計數據，對消費結構的變化得出一個規律：一個家庭收入越少，家庭收入中用來購買食物的支出所占的比例就越大。收入越是減少，越會考慮食物的經濟性。原始社會時期，食物匱乏，捕獵技術落後，當時的人們吃食物的主要目的就是生存。隨著農耕技術的發展，調味料的出現，食物烹飪技術的發展，人們更加注重色香味，當然，也和一個家庭收入水準成正比，普通人家的基本要求通常是滿足溫飽。隨著人們經驗累積的不斷增加，食物的一些功能性價值不斷被發現，而隨著財富的不斷增長，人們在吃飽、吃好的同時要求的是吃得健康。

進入21世紀，隨著經濟全球化、民族融合以及科學技術的發展，糧食作物的範圍也在發生著變化。伴隨著人類物質生活不斷的提高，人們對

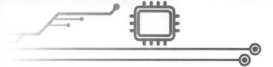
於食物的攝取已經不只是經濟性的滿足於溫飽，開始希望在追求色香味俱全的同時，具備一定的功能性，使人們在日常主食攝取的情況下，達到健康、康復的目的，這樣的主食就是功能主食，功能主食是主食的未來。

　　這就是我們口中的主食隨著經濟性、商業性衍生變化發展的全部成長軌跡，其中包含了人們對如何更好得到自我發展的探索，也包含社會需要，市場需要和經濟成本控制的相關內容。而現如今，將消費族群的內心需求作為發展核心，才是當下商家最為明智的選擇。人們的需求越高，對商家的挑戰越大，當人們越來越重視產品的功效，越來越重視自己花出去的錢能為自己帶來什麼的時候，我們的主食晶片就會在這一思維轉變下，悄悄做出改變，我們將不斷在其內容中輸入新的課題，而這些新型的理念和想法，必將帶動當下的食品發展形勢，向著我們渴望的方向迅速發展。

新時代下不斷推進的食物格局

如今這個時代越來越講求「格局效應」，人生有格局，事物的發展也有格局，同樣，伴隨著我們一路成長的食物，在時代的延展下，食物也在格局上發生著微妙的變化。即每個時代都有每個時代不同的食物烙印，不同的時期，人們不光在飲食結構上存在差異，對食物的選擇也是各有不同。這是時代推進的傑作，也是我們理念更新下的產物。

「小事看品質，大事看格局。」從字面上理解，所謂格局指的是：一個人對事物所處的位置（時間和空間）及未來的變化的認知程度。時代在向前發展，環境在改變，科技在改變，人的思想也在改變，而我們每天的衣食住行，各種所需商品的形式也在發生著翻天覆地的變化。而這一切的改變，都源於時代格局對我們的生活做出的調整。食物作為人類密不可分的生活基礎，又將在這樣不斷更新的時代步伐下做出怎樣的形式轉化呢？

事實上，食物的格局與不同時代下的社會經濟形勢是分不開的，經濟的格局決定食物的價值和定義。歷史走到今天，不同食物在社會的格局之下，所展現出來的地位和價值是截然不同的。

就拿人與人之間的交際來說，古時候出門探訪朋友，有很長一段時間是送肉，因為當時肉在市場上的價格是相對比較高的。例如，孔子時代，孔老夫子創辦私學，收弟子的學費就是肉乾，由此可見，當時肉在市面上的價值要比一般食物貴。很多家庭，一年到頭也不見得能吃上一頓肉，所以當時孟子理想的王道生活是：「五畝之宅，樹之以桑，五十者可以衣帛

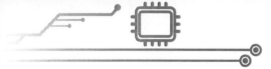

矣；雞豚狗彘之畜，無失其時，七十者可以食肉矣。」從這句話我們可以看出，當時很多百姓到了 70 歲的時候，很可能好多人還沒有吃過肉，如果有肉的話，最尊長的都沒能吃上更不要說是年輕的晚輩。所以在當時的時代，百姓的食物格局裡最能給人帶來愉悅感的食物，就是肉食。

順著時光推進，將歷史翻閱到數十年前，那時候的人們社交串門，手裡的禮物一般都是點心盒子、兩瓶酒，外加一包上好的茶葉。這些在當時的時代，都是奢侈品，大家薪資都不高，，平時想買個水果吃都得算計計這個月家庭生活費允許不允許，更不用說買點心、喝酒了。

一位大姐回憶小時候的光景：

那時候我們家吃飯都是分級別的，第一桌是爸爸和哥哥的，他們倆有工作，每天很累，那飯桌上擺的就跟我們孩子不一樣，即便是這樣，每個人也就控制在那麼一小杯酒，盤子裡稍微能看到點肉星的熟食，菜相對的豐盛點。第二桌是奶奶，奶奶歲數大，所以吃食上也會豐盛點，每頓都有白米飯、白饅頭，可能還能見到點雞蛋。這也就到頭了。到了我們小孩的和我媽，那吃的就苦了，一般都是玉米粥、還有點鹹菜，偶爾有點別的菜，大家就趕緊下筷子搶，生怕自己吃不到。我的運氣好，因為我最小，爸爸疼，有時候偷偷把我叫過來，夾起一塊熟食放我嘴裡，我也就沾了光，但頂多也就這麼一筷子。

從這個家庭飲食格局上我們就能清晰的看出，受當時經濟條件影響，食物的價格層次在老百姓的生活中是什麼樣的，它是以怎樣的格局出現，在價值上又是怎樣詮釋展現的。餐桌之上，什麼東西最貴，什麼東西第二，什麼東西最便宜，不用多說，一切也都瞭然於心。試想這個時候有個親戚提著點心、茶葉，外加兩瓶好酒來，那可以說送的是高規格禮品，不論是老人、小孩看了以後都會喜出望外的，因為破費後面所要付出的投

入，不用說自己心裡算都算得過來。食物匱乏年代，首先要考慮的是經濟性，吃飯也是一種家庭投入，要把所有能量投入到能創造更多的食物的人身上。

再後來生活條件好了，送禮就喜歡送高級禮盒，喜歡帶著客戶吃大餐。一進餐廳，首先要點的就是幾道高檔菜，像什麼海鮮、魚翅，儘管自己平時說什麼也捨不得，但為了把事情辦成勒緊褲腰帶也得點。客戶吃開心了才能簽合約。簽了約你心裡的石頭就落地了，回去即便是啃幾個月的泡麵，吃到嘴裡也是甜的。這個時候，隨著經濟水準的提高，人們對食物開始有更高水準的要求，在物質享受上，也比過去提升了一個層次，至於這樣做到底健不健康，到底科學不科學，不會過多地思考。食物匱乏的慣性，導致人們在條件允許下盡可能的填滿肚子，以防止在不可預期的未來發生再度匱乏，而屆時身體上儲存的脂肪可以發揮相應的作用。

現在的人們對食物格局的要求，又發生了翻天覆地的變化，人與人的交際禮品，要送就要送美麗，要送就要健康，規格要到位，功效也同樣要到位。於是我們會發現，現在電視上的食品廣告都在打健康養顏牌，鼓吹自己的產品綠色健康，而且見效快，能讓身體長期保持年輕狀態。這無疑牢牢抓住了老百姓的消費心理，不管有沒有效果至少也要買來先試試看。

人們的消費水準提高，對自己身體的健康意識也會隨之提高，即便是外出吃飯也更追捧綠色健康的養生餐廳，不但讓自己看起來更有品味，優雅的就餐環境更能拉近自己與客戶之間的距離，大家能心平氣和地坐下來一起聊聊天，沒有嘈雜的聲響，也沒必要像以前一樣不把你喝醉說明我照顧不到位，喝酒前來一杯茶，刮油降脂，保肝護肝。

隨著時代不斷的向前延展，人們的觀念會隨著時代變化而不斷進步，對於食物的要求標準也會從一個檔次上升到另一個層次，人們會從簡單的

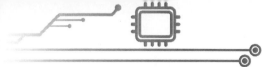

飽腹感和癮性食物的快樂感中解脫出來，更理智的看待自己的飲食健康問題，而這個時候食物所真正帶給他們的功效和作用會成為他們最為關注的核心，當食品材料安全問題，食品技術加工問題等一系列問題在時代的推進下都不再成為問題時，人們就會將更大的投入放在如何能讓自己受益最大化、效率最大化方面，這一點不僅僅局限在事業，也影響到我們攝食的食物，此時我們固有的飲食晶片，會因新需求的產生而加入更多新鮮的元素，而這些不可思議的奇思妙想，很可能會在某個時代的瞬間為我們開啟一道嶄新的大門，它將是功能性主食時代的開始，各色食材，經過科學技術的演繹，展現出了非同凡響的強大健康效應。

市場，食品需求的原動力

　　市場是交易的平台，也是考評商品需求量最佳的地界。食品作為商品，其加工生產的原動力來源於市場對它的需求。因此，食品需求的原動力在於市場，它是不是受人青睞，是不是有廣大受眾群體，介於什麼原因，都深深的包含在市場的運化之中，它沒有感情，悄無聲息，卻無時無刻不在影響著我們的生活，關乎民生和人類的未來。

　　一件商品之所以能夠成為商品，是因為它存在著一定量的市場需求，作為食品而言也是如此，如果不是意外的巧合，被人類發現，滿足了人類飲食的內在需求，那麼它此時很可能還是一顆默默無聞的雜草，不被任何人關注和重視。

　　前面我們說過，小麥只是叢林中默默無聞的雜草，但它很有野心也很有夢想，希望自己可以擴張到世界的每一個角落，之後它用自己的身體捕獲了一個奴隸，這個奴隸就是人類，憑藉著這個奴隸的智商和能力，如今的小麥早已經實現了自己的夢想，但凡是有人的地方就有小麥的存在。

　　小麥為什麼能成功？因為它對於人來說有一定的市場價值。那麼究竟什麼是市場呢？起源於古時人類對於固定時段或地點進行交易的場所的稱呼，指買賣雙方進行交易的場所。而現如今市場一詞的定義不僅僅指交易場所，還包括了所有的交易行為。所以當談論到市場大小時，我們並不僅僅指場所的大小，還包括了消費行為是否活躍。從廣義上來說，所有產權發生轉移和交換的關係都可以稱為市場。

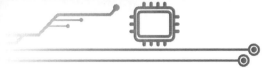

不容置疑，一件商品，交易的行為越頻繁就意味著它越被大眾所需要，越是被人需要，市場空間就越大，空間越大它給人帶來的利潤和好處就會越多，人們的交易行為就會越積極，這就是整個商品良性循環的過程。而食品伴隨著天生的經濟性和商業性，在市場的運作下也是不斷的改變著自己的形態，為了能夠滿足大眾的需求，它甘心情願的接受改造，以全新的面貌和形式出現在大眾的視野裡。

那麼市場與食物之間到底有怎樣的連結關係呢？

不論是古代還是現代，糧食作為商品的交易，都是受到國家專控的，主要原因是它直接關係到民生，假如放手讓私人運作市場，很可能會導致老百姓的生活會面臨尷尬的局面。我們在影視劇中，經常看到有關店鋪與店鋪之間的商戰故事，店主為了擠走對手，可以不斷降價，降到賠錢都在所不惜，但只要是對手不存在了，自己就完全占據了壟斷的位置。

壟斷後就可能導致老百姓沒了糧食吃，就會鬧事，就會起義，就會恢復到為爭奪食物而活的原始時代，那時候國家的政局肯定就不穩定了。為了避免這樣的事情發生，糧食經濟始終都是要掌握在國家手裡的，這樣才能做到有效的價格調控，讓老百姓不至於因為吃不上糧食而起義。

隨著時代的推進，食品的商業性日漸顯現出來，為了能夠更有效的適應市場需要，很多商家開始不斷的挖掘思考如何最快速的搶占商機，使得市面上的食品越來越多樣化，很多人無形中被這些新形式的食物商品所吸引，成為商家計劃中的消費族群。其實，食品多樣化對大眾來說本來是一件好事，但很多人忽略了市場的本質，市場就是市場，市場是一種交易形式，它沒有感情，在交易的理論邏輯中，商業最大化的祕訣就在於滿足市場需求，也就是說市場需要什麼，商家就會生產什麼。

當然，並不是所有的膨化食品都不利健康，油炸、大量新增食品新增

劑對身體健康不利。透過擠壓加工的膨化食品是非常健康有益的，可以改善口感，可以改良粗纖維食品。麥麩中含有大量優質蛋白，高膳食纖維，大量維他命礦物質都是人體必需的，但是人們很難直接接受麥麩的口感。透過膨化後的麥麩，改良了口感形狀，而不破壞麥麩原本的營養價值，像特素這樣的創新正在被市場廣泛接受，這也是一種順應市場的表現。

市場價值最大化就是盈利，為了盈利任何一種生產模式都是可以被接受的。假如人們的精神層次和需求水準沒有得到有效提高，那麼市場對我們生活所帶來的影響也只能停滯在我們所能認知的選擇水準上。

例如，當膨化食品剛剛出現的時候，瞬間贏得了很多家長和孩子的追捧，它完美的口感，漂亮的設計包裝，曾經在市場上引起了很強烈的轟動，但隨著我們認知水準的提高，大家開始意識到，這種食品是不健康的，是對身體有害的，這時候廠家為了更好地在市場大環境中生存下去，才會考慮是不是要轉型的問題。

比如，最早的洋芋片，大家都認為油炸的好吃，但後來在大家健康意識提高以後，為了迎合市場的需要，洋芋片行業推出了烤版的新型洋芋片後，又受到了更多消費者的青睞。當人們對食品的安全意識、健康意識不斷提高時，對於食品的要求也會越來越高，這時候市場為了滿足大眾的需求，就必須在技術上進行更新，儘管它很可能會直接導致製作成本的提高，但從另一個角度來說，技術的革新也不一定就意味著高成本，萬事因情況而定，有些產品在技術革新以後，成本反而降低，這對誰來說都是件好事情。

市場有多大看的是人們對食物產品的需求有多大，而需求的原動力在於商家的產品是否更適應這個時代，是否更貼近這個時代主流的思想，主流的價值取向，其中要做的功課很多，可做的文章也很大，想搶占其中的制高點，除了技術要到位以外，天時、地利、人和，一個都不能少。

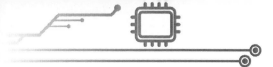

在顛覆權威的鬥秀場，食品種類永遠百花齊放

　　有人說市場是一個鬥秀場，各種商品種類繁多、百花齊放，誰更貼近消費者心理，誰就能在這場競爭中拔得頭籌。儘管當下很多聲音在倡導權威，但食品的世界裡，從來就沒有所謂的權威，從商品產業的角度來說，食品的權威性總是伴隨著時代的前進不斷顛覆，唯一能影響到它的就是購買群體的內在需求、生活理念。

　　從宏觀的角度而言，市場上是沒有權威的，在市場上利益最大化才是核心，市場是個顛覆權威的地方。對於市場而言，真正的先進性並不在於權威性，而在於它能不能更好地適應這個時代。對於食品而言，當下人們對食物的選擇，還停滯在美食的意境之下，儘管大家已經開始在概念中有了健康意識，但究竟什麼食物才是最健康的，很多人都沒有一個清晰的判斷。

　　從這個角度來看，在食品的世界裡，沒有所謂的專家，產品會伴隨著市場的需求以各種形態出現在時代不同的階段裡，它們會伴隨著人類思想的更新而不斷做出調整，有些食品起初或許很受推崇，但隨著人們觀念思想的轉變，它們快速的淡出了我們的視線，消失在商品的海洋，被大家拋棄遺忘。所以，為了能夠讓自己的品牌長久保持市場生機，商家就必須不斷的對產品推陳出新，保持產品的多樣性，這樣才能更好地適應消費者需求，長久在市場份額中占有一席之地。

　　一個成功的食品經營者就發出過這樣的感慨：

　　當年我只不過是一個做豆腐的小商販，那時候我兢兢業業的研究做豆腐的方法，希望能把自己家的豆腐做的和別人家不一樣，最終功夫不負有心人，我家的顧客絡繹不絕。但兩年以後我就發現，只做豆腐這事肯定不行，現在做這個的人越來越多，想活下來得推陳出新，於是我又開始研究各種豆製產品，研發很多只有我們店裡才有的特色小菜，結果生意又火了起來，於是我把自己的店註冊了品牌，開了很多分店。但後來我又發現，當下的人們在口味需求和對產品速食的要求上都發生了改變，儘管現在店的生意很好，但如果想長期有市場，就得儘早改變策略，於是我開始思索速食加工行業，經過大概一年的調研，與食品加工企業展開了合作，將我們的特色豆類小菜，變成了一代代加塑封的速食產品，而且在口味上也進行了改良和調整，當食品一推向市場，沒想到特別受到消費者青睞，那時候資金迴流確實很快，我也確實賺了不少錢，於是也開了屬於自己的食品加工廠。然而這個時候，我的危機感又來了，因為身邊的競爭對手越來越多，自己拿手的那幾樣，如果有一天被大家吃膩該怎麼辦呢？於是我又開始針對未來進行進一步調研，圍繞人們最關心的健康、養生、功效等一系列的需求，進行深入思考，至今已經有了進一步的發現和計劃，但一切還僅僅存續在初步的設計階段，想真正達到目前大眾對功效的要求和口感的標準，還真的要再仔細推敲才行。做生意最重要的就是對市場的嗅覺，誰能滿足消費者的需求，誰就能在這裡活下去。做生意這麼多年，真的覺得這裡就是個鬥秀場，競爭對手之間會鬥，產品與產品之間會鬥，產品與消費者需求之間會鬥，這麼一鬥就得不斷的尋找提升自我的新路徑，你剛一提升馬上就有人複製，逼著你就得不斷往前走，不往前走就沒法生存，這裡很現實，可供選擇的產品又那麼多，消費者不管你誰是誰，你不符合他們的需求了，他們就會很快把你遺忘，沒有任何感情可言。

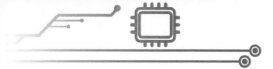

　　的確，市場是殘酷的，而且沒有所謂的權威存在，所謂的權威就是不斷更迭變換的市場需求，什麼需求量大，什麼就是當下的權威。而食品也是如此，不論是營養學、養生學、還是烹飪學，儘管很多人都在鼓吹自己是食品方面的專家，但事實上，在食品的世界裡沒有人可以稱得上專家。食品在市場的熔鍊下，滿足的就是大眾對飲食的選擇需求，它沒有自己的思想，也沒有自主的選擇，以什麼樣形態出現，完全取決於市場標準的評判。人們在種類繁多的實物商品中選擇自己最青睞的那一個，依靠自己的經驗知識，乃至於國家政策，媒體宣傳的倡導與影響，從這一點看來，食物產品確實會隨著時代的前進而不斷產生變化，人的知識層次、精神層次，選擇層次越高，它所做出調整變化的速度就會越快。

　　事實上，市場展現的不僅僅是交易，它還展現大眾在選擇上的智慧。有句話說得好：「人民的眼睛是雪亮的。」誰也不要低估了大眾的智慧，為了擁有更高質量的生活，人們會很自然地在種類繁多的食品市場中做出自己的選擇，誰家的產品口感更佳，誰家的價效比最高，誰家的產品更健康，一切都逃不過消費者的驗證。

　　就當下而言，類似於以幫助大眾貨比三家擇優購物的企業悄然興起，各種測評，各種考核，各種價效比推薦，在他們的商業化運作下，這種全新的消費理念越來越深入人心，人們可以很順利地藉助外力，在最短的時間內獲得優質食物產品的第一手數據，而這一切無疑不在影響著市場的走向，如此琳瑯滿目的食物產品，為什麼要選擇你？至少要先拿出個理由給大家看看吧。

　　假如市場是一個顛覆權威的鬥秀場，那麼作為食品就是這場鬥秀的實體工具，你想在百花爭鳴的大世界裡拔得頭籌，就先要多問自己幾個為什麼？即：

你能給市場帶來什麼？能夠消費者帶來什麼？別人為什麼一定要選擇你？你覺得你在時代的前進中，最高壽命能到達到多久？

世界是如此現實，市場競爭是如此殘酷，如果你不能在這些問題上先給自己一個滿意的答覆，那麼就很難在這場鬥秀中活下來。

作為食品行業的從業者，無論市場競爭環境如何，都要嚴守質量關，本著對消費者負責任的態度做產品，食品行業是個良心行業。不忘初心，堅持食品首先是用來吃的，自己敢吃的產品才能帶給消費者。尋找食品行業發展的趨勢，做更健康的產品，堅持做技術創新，這是食品企業能長盛不衰的根基。

第二篇
主食晶片的歷程
── 食物主宰生命，經濟成本決定飲食模式

　　對於一個人的一生來說，他可能會在路途中追逐很多東西，但不管追逐什麼，其所追逐的動力和基礎就是食物。但食物也是有成本存在的，經濟水準越高，食物的運作成本越是會出現日新月異的變化，而隨之而來的就是人類自身飲食結構的改變。正所謂人往高處走，水往低處流。只要條件允許，每個人都願意以提高經濟成本的方式更好地提高自己的生活質量。經濟基礎決定上層建築，經濟水準越高，隨之而來的內在需求也就越高。

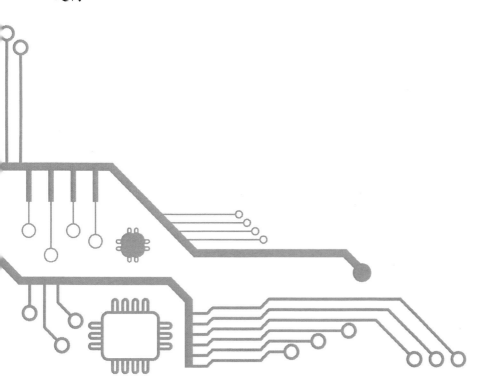

第四章

不同差異群體，不同飲食理念

　　古人云：「物以類聚，人以群分。」不同的生長環境，鑄造了每一個人不同的生存模式，也成就了他們不同的飲食習慣。東西南北中，不同的地域，不同的群體，而不同群體的人們又分屬於不同的家庭。一個人從小接受的教育不同，在飲食經驗方面自然也會存在各式各樣的差異。有人偏愛鹹，有人偏愛辣，有人偏愛軟，有人偏愛嚼勁……在食物的世界裡，只有它在人們的馴化中不斷地迎合大眾的口味。就飲食理念來說，那是人類自己在不同群體生活的過程中，由思想而不斷衍生出來的產物。我們不可否認，群體差異下會存在飲食理念的差異，但這種差異很可能還會透過我們後天生活的改變而發生變化。人就是這樣奇特的動物，他們的每一個晶片系統都在隨著時代變革著，即便是每天碗裡吃的一日三餐的晶片，也絲毫不會例外。

並不是人人都吃到了自己想吃的東西

　　現在生活條件好了，人們想買什麼都能買到，但即便是這樣，也並不是人人都能吃到自己想吃的東西，這不只是食材的問題，還有烹調技術、地域差異等多方面的因素。價格成本概念始終束縛著我們的胃，但凡是跟口袋相關的事情，總是會給人帶來各式各樣的煩惱，好在我們都懂得順其自然的道理，退而求其次，未嘗不是一種生活智慧。

　　隨著人們經濟水準的提高，家家戶戶的餐桌上都有了相當程度的改善，一日三餐可謂葷素均衡，內容豐盛。除此之外，定期到餐廳去改善一下生活也已經成為大家生活中的一種常態，覺得只要花費得起，就不能虧了自己的胃。

　　這概念聽著平凡，但也確實有一定的道理。從過去到現在，日子過得好還是不好，關鍵問題不在外表，得先看每天夾在碗裡的飯菜伙食水準。只有在食物上得到滿足，人才會有更多的精力完成其他的工作。但即便是到了現在的生活水準，誰也不敢保證自己吃到的就一定是自己想吃的東西。

　　在食品加工的發展過程中，餐飲從業者為了迎合進食方的口感，會採用一定的加工技術，來改變食物本有的特質和口味，將它改造成更偏向於對方心目中所期待的樣子。這種現象就是一種飲食上的寬慰，儘管有些東西吃不到，但眼下感覺就像吃到了一樣，所以我們心中也就沒有那麼多執著和遺憾，依然可以帶著喜悅的心情，認真的吃好自己的每一餐飯。

說到小窩窩頭，恐怕大家都不會陌生，它是從宮廷裡流傳下來的吃食，而說到它的研發過程，則不得不談起一段有趣的故事：

當年慈禧西行中途乾糧吃完，飢惡難耐，在快到西安的時候就下令停車，讓隨從幫自己四處找吃的。隨從一聽，心裡就犯了難，這荒郊野嶺的到哪兒去找吃的啊？這時打遠處來了一群逃荒的百姓，只見他們累了，就坐在路邊啃食著自己帶的乾糧。慈禧一看也顧不上那麼多，下了車就去跟這些百姓套近乎。

只見一個老頭兒坐在一塊石頭上正啃著一個大窩頭，吃得很香的樣子。慈禧就忍不住湊到面前問：「這東西吃著真有這麼香嗎？」

「嗯，真的很香！」老頭說。

「那你給我一個嘗嘗吧！」慈禧笑著說。

老頭也很仗義，就給了慈禧一個窩窩頭。慈禧一吃，覺得簡直是人間美味，三下兩下就吃完了。

之後政局漸漸安定下來，慈禧也回到了紫禁城，她又想起了當年吃窩窩頭的事情，於是下令讓御膳房給自己做窩窩頭，可是窩窩頭做出來了，卻怎麼吃怎麼不對勁，於是一氣之下就殺了好幾個廚工，這下御膳房上上下下的廚工都驚恐起來，為了保全性命，大家開始一起想辦法，其中一個老廚工提議：「我們用栗子麵加白糖做一兩一個的小窩窩頭，試試她愛不愛吃？」

於是，大家就用栗子麵加白糖，像模像樣的加工成小窩頭的樣子，慈禧一吃覺得味道對口，她高興地說：「這回總算吃到當年逃難時候吃的窩窩頭了，就是還不夠那麼香，那麼甜。」

這訊息傳到御膳房，大家才鬆了一口氣，都說：「這才叫『餓了吃糠甜如蜜，飽了吃蜜也『不甜』啊。」

　　慈禧位高權重，卻也很難吃到自己想吃到的東西，當年一個陰錯陽差的味覺體驗，想再找回來已不是那麼容易的事情了。而御膳房的廚工，為了能夠迎合她的口感，利用另外的食材進行研發，最終征服了她記憶中的味道，這就是食物加工中難能可貴的馴化典範。

　　同樣對於現實生活中的我們來說，在有限的人生旅程中，儘管我們每一天都要吃飯，但這並不意味著我們每天都能吃到自己想吃的東西。這不單單局限在我們地域的差異，更重要的是經濟成本問題。

　　例如，美國緬因州的龍蝦已經到了氾濫的程度，但在中國食用一隻龍蝦價格卻依然高昂，動不動就要上千塊錢一隻。正所謂物以稀為貴，食品的地域差異，直接影響到了成本和價格問題。儘管中國人很喜歡吃龍蝦，也很樂意分擔對方水產氾濫的壓力，但由於空運成本和保鮮成本的問題，作為中國食客的我們只能眼饞也幫不上一點忙。於是開始說服自己：「算了吧，幹嘛一定要吃龍蝦呢？天下蝦米一個味，吃不到龍蝦吃河蝦，反正不都是蝦嗎？有蝦的味兒就行了。」

　　中國人有一個難能可貴的美德叫隨遇而安，大家從來不要求自己在飲食上一定非要怎樣怎樣，但凡是自己吃不到的，總可以找到退而求其次的選擇，然後經過一番細心烹煮，讓自己同樣獲得完美的美食體驗。人的慾望無限，但所能付出的能量有限，過分執著於高階的美食體驗，會讓自己入不敷出，但假如你能夠靈活調配、合理消費，就可以在享受美味的同時，更有效率的提高自己的生活質量。這就好比我們走進一家高檔餐廳，招牌硬菜固然能勾起內心的慾望，但還是會調動理智認真思索一番，問自己是不是真的需要，問自己是不是真願意承擔更為高昂的消費，如果答案顯示自己的慾望沒有那麼強烈，那我們就會很自然地退而求其次，選上幾道價格實惠又不失身分的佳餚，一邊感受著曼妙的就餐環境，一邊很有品

地咀嚼桌上的道道好菜，那種感覺也是一樣的好。

　　一切事物總是先有目的才有成因的，吃飯這件事也是如此，假如你將注意力集中在你想達到的目的上，那麼即便是沒有吃到自己想吃的，又有什麼關係？一頓飯只要能從中吃出自己的幸福感，達到了內心平衡的價值需求，吃什麼真的已經不那麼重要了。

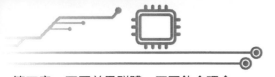

現實的經濟承受力，決定了你飯碗中的內容

中國有句老話：「有多大能耐，吃多大碗飯。」這話看起來說的是能力，其實說的是成本。經濟基礎決定上層建築，你所能承受的價位決定了你一日三餐碗中的內容。每個人都想吃飽吃好，所以在經濟水準提高以後，首先考慮的就是自己家中的伙食，但即便這樣，不同水準的家庭在飲食上仍然存在層次劃分，這種等級眼中的現象，是長時間被經濟槓桿操縱的結果。

當代社會，每個人都在為自己的未來努力，但聰明的人一定會把自己的努力控制在可以承受的範圍之內，假如體力長時間超支，身體必然就會向你提出抗議，因為你承擔了你難以承擔的，能量一直都在超負荷消耗，假如不及時做出調整，身體肯定要出問題。

生活如此，一日三餐也是如此，儘管每個人都希望自己能吃得好，但到了選擇的時候，腦袋裡還得有一本經濟帳，燕窩魚翅鮮美，偶爾消費一次倒也沒什麼，但假如你明明沒有那麼多資金儲備，卻非要每天都能吃到這些東西，即便是能達到，當你每天端起碗，舉起筷子的時候，還是會有壓力的。一個人所能達到的經濟實力水準，決定了他碗中食物的質量，超出了自己能力範圍，即便是菜餚再美，吃著吃著也就沒那麼香了。

從人類的飲食歷史程式來看，早先人們因為食物匱乏而面臨生存考驗，只要有食物可以填飽肚子，就覺得是一件很開心的事，所以，人們對於食物的質地，食物的口味都沒有什麼額外的要求。當人類進入農耕社

會，生活漸漸穩定下來，在食物上有了相對穩定的保障，為了能夠有效地預防災荒，也為了能夠提升自身的生活質量，他們才開始嘗試著運用各種烹飪方法提高手中食材的保鮮期和味覺口感。此時人們的社會階級等級劃分的越來越清晰，等級高的能吃上肉和酒，等級低的或許有時連肚子都填不飽，正所謂經濟實力決定上層建築，一家人過得好不好，從他們碗中餐的內容上就可以看得清清楚楚。

回到當下，如今很多地區仍然沿襲著一些曬幸福的過年風俗習慣，例如，中國四川、湖南一帶到了臘月家家戶戶就開始醃製臘肉，豬肉、羊肉、雞、鴨、魚肉都可以作為他們醃製的選擇，醃製完畢後，大家就會把自己的成果曬到屋外，讓路過的人可以清晰地看到。誰家醃製的肉品多，說明這家人的經濟實力強，相反假如只有那麼一兩件，則說明這家人今年經濟上一定很蕭條。從這簡單的自我表達來看，中國人從一開始就知道，只有不斷地提高自己的經濟實力，才能讓碗裡的飯越來越香，日子才能越過越舒福，越活越踏實。

從現代的家庭角度來看，一個月收入只有兩萬的家庭，每一餐飯的質量肯定是跟月收入五萬的家庭有所差別的，即便是前者再會過，再能把飯食烹飪的噴香肆意，但在食材的選擇上，一定會偏向於經濟實惠。而月收入五萬的家庭，假如沒有其他的經濟負擔，首先要改善的一定是自己的飲食品質，透過吃好喝好的方式，喚醒自己更為積極的生活動力。他們也許會定期到一些有特色的小餐廳去消費，點一些自己家中不常做的特色佳餚，以此來更好地改善生活，維繫家庭成員和諧的親密關係，但即便是這樣，消費的水準也僅僅局限在一種品味美食的快感上。

但如果一個家庭月薪已達到三十萬，那他們對於食物的選擇又將提高到一個全新的檔次，不論是文化層次，還是經濟實力，都促使他們對自己

的飲食做出全新的選擇，這時候他們碗中咀嚼的不僅僅是美食，還有文化、健康和更為愜意的小資情調。人們對於食物的要求必然會隨著經濟能力的提高而在層次上不斷昇華，只有真正上升到那個層次，才能深刻地了解自己為什麼會做出這樣的選擇。

人類的主食晶片，始終都沒有脫離過經濟這條槓桿，它始終都在圍繞著成本概念不斷地做出調整。人們總是會在自己經濟承受力的範圍之內，將自己的飲食盡可能改善的更好一點，所謂的品味，所謂的健康，都是在經濟實力上升到相應水準的時候，才能真正達到的目標。

而未來主食晶片中的功能主食理念，首先考慮到的老弱病殘孕特殊人群，處於非健康狀態的人群在飲食上的調整有助於其恢復到健康狀態，在經濟能力有限的情況下，功能主食首先要解決這些人群的剛需問題，未來功能主食會涵蓋更多的健康人群。他們會接受「你吃的是美食，我吃的是健康，你滿足了你的胃，我要恢復健康」這樣的前沿理念，在他們看來更令他們感興趣的是如何快速改善自己的體質，有效的拓寬他們更廣闊的發展空間，如何能夠讓他們長時間保持精力充沛，有效率地完成一切他們想完成的事情。他們重視食材的質量，重視功能性主食帶給他們的功能效果，願意花費更高的價格，為自己的健康買單，因此也更容易讓這種全新的生活方式在他們的圈子範圍內推廣，成為一種治療的輔助增效工具。

亞洲糖尿病發病率已經超過 10%，糖尿病主要跟飲食結構有關，當然糖尿病患者必須干預飲食，生活質量必然會下降。代貝特作為一種功能主食，結合糖尿病患者的體質特點設計，調節血糖，同時補充糖尿病患者必須的各種營養物質。在保證糖尿病患者生活質量的前提下，為糖尿病患者的飲食進行干預，類似這樣的優質產品是未來人類真正需要的食物創新。

近年來，很多明星都在曬自己每天烹煮的各種減肥餐，說實話一般人

看了真的很難下嚥，但他們自己卻樂在其中，主要原因就是從中看到了效果。假如有一天，功能性主食取代了這種對自己類似於自殘的飲食方式，既能達到自己心目中滿意的效果，又能全方位地吸收營養，保持身體的健康狀態，想必誰也不會輕易拒絕吧？

減肥餐，就是針對體重控制人們的第一個功能主食，在口感上跟普通主食幾乎無差異，但是熱量要遠低於普通主食，同時為了保證營養，提供更多的優質蛋白、足量礦物質與維他命，在不喪失飲食體驗的情況下，為希望減肥的人群提供更多的產品選擇。

這就是一種全新的飯食理念，儘管在剛投入市場的時候，由於其精緻的食材選擇和高濃縮的萃取科學技術，必然會在價格上高過一般的主食價格，但這並不意味著會因此影響它們的市場需求。儘管經濟承受力決定你碗裡的飯，但同時決定你碗裡飯的還有你對於飲食的概念，雖然看上去成本提高了，但從長遠角度來看，假如自己的狀態真能藉著功能性主食的「功能」越來越好，即便是多花費了那麼一點點，又有什麼關係，自己早就從別的地方賺回來了。

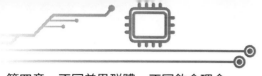

家庭單位下的習慣式飲食結構

在每個人的成長中，以家庭為單位的飲食結構將會伴隨他們很長時間，這種陪伴塑造了他們對食物的概念、習慣，也影響了他們今後的膳食結構和健康。從這一角度來說，家庭單位下的飲食結構優化是非常有必要的，但它卻必須依託於經濟水準的槓桿，越是經濟條件優越，越是會對主食晶片中新型的飲食結構做出選擇，畢定決定人幸福的是身體的健康，而擁有一個重視健康的家庭更為重要。

不同的家庭條件，不同的教育環境，不同的文化背景造就了每一個人不同的飲食習慣和飲食結構，我們將這種情況取名為家庭單位下的習慣式飲食結構。其實，說到習慣式飲食結構也並不難理解，不論是從小家到大家，還是國家到民族，因為文化思想的差異必然會在飲食方面有所顯現。

這就好比我們中國老百姓在冬至那天要吃餃子、臘八的時候要吃臘八粥、端午的時候要吃、粽子、正月十五要吃一碗元宵一樣，這種習慣是依據人們千百年流傳下來的傳統，成就了一個民族的美食結構。以至於一到了預定的時間，大家就會主動想到，今天應該買點什麼東西，或是做一頓特色美食餐。

既然國家有國家的習慣性飲食結構，那麼縮小到以家庭為單位，不同的家庭也會有自己截然不同的飲食結構：

前段時間我和大家一起聚餐，輪到一個同事點菜的時候，他拿起選單左看又看，很快就搖搖頭把選單推給了別人：「點菜這東西，我不懂，麻

煩服務員先給我上點醋。」

這話一出，身邊譁然一片，有人半開玩笑地說：「山西人，一看就是山西人，到哪兒都離不開醋。」更離譜的是，菜上來以後，這位同事要了一碗白飯，然後把醋倒在白飯裡攪拌好，便開始津津有味地吃起來。這時有人驚訝地問他：「好吃嗎？這能好吃嗎？」他卻笑笑說：「在山西老家從小就這麼吃，吃慣了，飯沒醋拌著總覺得缺點什麼。」

常言說得好：「國有國法，家有家規。」這話用到飲食上也是同樣的道理，當一個孩子還是一張白紙，假如沒吃過別人家的飯，總就覺得父母做的飯是最好吃的，爸媽加多少鹽，加多少糖，十幾年如一日，習慣性的胃口就在無形中養成了。但也並不是每個人都對家庭單位下的習慣式飲食結構滿意。

針對這個問題，曾經細緻的進行過研究，突然發現大家在受到不同家庭習慣式飲食結構影響過程中，有些人過得很幸福，有些人卻吃飯吃得很痛苦。

對於一些經濟困難家庭來說，只要碗中有的吃，不管它是什麼都是好的，貧困家庭長大的孩子，因為受到家庭經濟水準的局限，在飲食上沒有選擇可言。例如，著名的華為總裁任正非在小時候，家庭飲食結構就很局限他的成長。

任正非出生在貴州苗族自治區，父母都是老實勤懇的教育工作者，家裡兄弟姐妹眾多，他又是老大。父母平時收入很少，日子過得很清苦，每次做飯，分配到每個人碗裡的剛剛只夠這個人活下來，更不要提是什麼內容。

考大學前，任正非在家複習功課，經常餓得頭暈眼花，實在餓得不行了，他就用米糠烙菜充飢。母親知道以後，為了能夠保證兒子安心學習，她每天偷偷塞給他一個小玉米餅，而正是這小玉米餅最終為任正非的發展提供了很大助力，他透過大學改變了生活，每每回味於此他總是說：「當

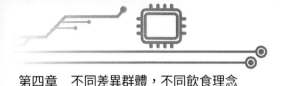

時我很清楚，這些玉米餅都是從父母嘴裡省出來的，如果不是有它，說不定就沒有今天的任正非了。」

由此我們不難看出，在這樣的家庭走出來的孩子，對於食物的選擇是受到局限的，單一的選擇範圍，讓他們在飲食結構上無從選擇，在他們的意識裡，吃飯是為了活著，活著就有希望，想改變命運，就必須先讓自己習慣清苦，在清苦中努力崛起。

姚明是中國體壇猛將，也是出了名的高個子，他健康、健壯的體型，與他成長的家庭飲食習慣有著密不可分的關係。

姚明的父母都是籃球運動員，所以對姚明的飲食結構要求注重健康、營養。據姚明回憶，為了讓孩子身體強壯，爸媽絕對是沒少費心思，爸爸不斷地省錢為他購置營養品，媽媽定期下廚為他煲湯，在他的印象中沒有什麼食物比媽媽煲的老火湯更美味的了。同時姚明的爸媽還定期為兒子加菜，希望以此促進他的成長。

就這樣姚明的個子越長越高，生在開明健康的家庭，他的每一天都很自在快樂，之後考上了中國國家籃球隊，體質得到了更好的鍛鍊，對於球隊的飲食結構也適應的很快。

開明健康的家庭在飲食方面比較講究，能夠在自己力所能及的範圍內，習慣性的拿出更多的錢投入改善自己的飲食，盡量讓家人攝食豐富，品種更加多樣化，在這種家庭中成長起來的孩子，對於飲食有著更為理性的理解，他們知道自己最需要什麼，也知道如何進食才能更好地調整自己的身體。

當人們用各自的家庭單位生活的時候，每天過日子最重要的一個細節，就是吃飯。儘管它是一件普通得再普通不過的事，卻蘊含著相當豐富的內容。一個家庭碗裡的飯是什麼，對食材的好惡是什麼，經濟消費水準怎樣，家庭集體文化程度，以及長時間以來關於飲食經驗方面的總結都包

含在每天的一日三餐裡。

不同的人，不同的家庭，對吃飯這件事的結構理念是存在很大差異的，正因為有了這種飲食結構上的差異，才導致了我們不同的體質差異。事實上，不科學的家庭習慣式飲食結構對我們的影響是相當深遠的，它很可能會透過習慣直接影響我們一生的身體健康。當這些不良的飲食結構概念輸送到我們大腦的主食晶片中，成為一種固有的飲食思想系統時，想要重新再進行系統更新，也是要付出很大勇氣的。

與此同時，假如我們能夠妥善地對自己的習慣式飲食結構進行調節，就會改善自身體質，並不是一件多麼困難的事情。例如，日本人的身高可以說在亞洲算是最矮的，為了能夠改善自己民族的體質，日本要求每個孩子每天都要加上牛奶，蘋果和兩粒魚肝油，在這種有效的營養調理下，如今日本人的身高已經得到了相當程度的改善，他們用科學的營養膳食改善了全民的體質。

那麼，針對這些因為家庭習慣式飲食結構出現的問題，功能主食結構又能為我們提供怎樣的幫助呢？

其實，在每個人心中都希望自己能擁有一個經驗豐富的營養師，這樣我們就知道最適合自己的營養餐搭配是什麼樣的了。秉持著這樣的美好願望，功能主食可以透過科學的營養配方比例，讓大家以最方便、最快捷的方式完善好自己的一日三餐，根據不同人的體質，不同人的需要，設計出每個人最適合的功能餐，這樣即便收到一些家庭習慣式飲食結構的影響，也可以啟動另一種全新的飲食結構對自己每天的膳食進行調整。

只要我們願意改變，願意嘗試，功能主食就會成為我們生活中最理想的營養調理專家，它所顯現的「功能」效果能幫助我們在自主調理的過程中越變越好，成為我們健康時尚理念中的一個新選擇。

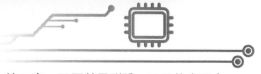

社交圈子下的飲食結構，需求不同內涵各異

要想成為什麼樣的人，就要和什麼樣的在一起。因為不同的社交圈子所對應的必將是不同層次，不同文化內涵的飲食。在社交飲食結構中，需求不同，所選擇的形式必然是不同的。我們渴望透過吃飯的形式，讓自己得到更多的利益，實現自我設定的目標，正所謂醉翁之意不在酒，我們究竟想從一頓飯中得到什麼，不同的人心裡都有一筆不同的心理帳單。

在台灣，人與人見面說的第一句客套話，可謂是直抒胸臆，直接將話頭連結到了社交工具的主題，比如：「早啊，呷飽未？」「有空來家吃飯！」假如真的遇到什麼事情要求人，也是先不急著說事情，開頭先客氣的來一句：「走，我請您吃飯。」

有個很成功的企業家坦言，自己早前百分之八九十的生意都是在飯桌上談成的，之所以選在這個場合，主要是因為氛圍相對輕鬆，想人多就人多，想人少就人少。人多的時候，自己知道酒力不夠，還得找個會喝能喝的人陪著，人少說明對方性情素雅，那就在飯館選擇上更偏向清淨品味，至少那裡的茶能讓人品得出好。現在自己的生意做到了國外，跟外國人交流，還是免不了想要請對方吃個飯，類型也入鄉隨俗的偏向於西餐，而大多時候，如果對方願意，可能交際的地點會改變到有品味的酒吧或咖啡館，要上些小零食，點上一杯加冰威士忌或卡布奇諾咖啡，也是外國人更為喜愛的社交享受方式。

說到社交圈子下的飲食結構，首要的核心在於圈子，而不在於飲食。

你所處的社交圈子更偏向於什麼樣的交際方式，那麼此時自己最明智的選擇就是入鄉隨俗。這就好比明明今天你最渴望結交的人已經提議去吃海鮮，即便是你自己心裡再喜歡吃川菜，想必也不會冒冒失失地將自己的想法直接表達出來吧？常言說，想成為什麼人，就和什麼人在一起，那麼想結交什麼樣的圈子，你首先也要努力適應與他們在一起發生社交活動的每一餐飯。

社交下的飲食結構是最多變的，隨著交際對象不同，社交環境的變化，人總是很習慣性的從一個社交飲食結構轉換到另一個社交飲食結構。舉個例子：

一位上市公司的企業老總，在與客戶發生社交連結的時候，一定會根據客戶的類型設定不同的社交飲食結構，如果對方是外國人，規格很高，那很可能會找一個風景秀麗，具有田園氣息的莊園雅間，一起共享一頓簡單而不失豐盛的午餐，隨後拿上球桿，來到寬闊的高爾夫球場，兩個人一邊優哉遊哉的打球，一邊將洽談的內容做個互動交流，等到一場球結束以後，祕書就會把兩個人達成一致的合約協議草擬出來，雙方落款簽字，然後開心的握手道別，還不忘來上一句：「謝謝你的午餐，這真是很美好的一天。」

假如對方是性格比較傳統，想要談成這筆生意就要在社交飲食結構上先做上一些功課，比如對方的家鄉在哪裡？更偏向於幾大菜系中的哪一支？有什麼特別的飲食偏好？有沒有自己最青睞的菜品？然後自己就開始一個個對號安排，看看在自己所了解的資源中，哪家上檔次的餐廳更適合於客戶的口味，這一餐飯的規格安排是什麼樣的？而且可能還要特別囑咐廚師，做某某菜的時候一定要特別精心，因為這道菜會在自己的社交連結中是點睛之筆，具有一定的特殊意義。整體下來我們就會發現，整個過程

中，全部都是以對方的角度在思考，而自己對於食物的需求，與達成社交默契這項需求相比，真的就沒有那麼重要了。

客戶的事情搞定了，下一步就是員工，作為上級主管，為了企業的蓬勃發展，一定是要和員工保持和諧友好的工作關係的，主管有責任有使命關心員工的工作、生活，而其中最為親民的舉動就是抽出時間和下屬一起享用一頓工作餐。例如，有些主管會定期來到員工餐廳，與員工一起排隊買飯，然後與大家坐在一起聊天，暢談工作生活情況，假如發現一些需要解決的問題，就及時的記錄下來，然後吩咐有關部門盡快解決。在這段社交飲食結構中，我們肯定不能說主管有多喜歡吃員工餐廳的自助餐，因為他的這一行為是帶有社交目的的，他的核心是以這種形式拉近與員工的距離，而不是僅僅將注意力集中排隊打來的自助餐。

當一天的工作結束後，當這位主管真正的回到家，他的飲食好惡才會有最直白的展現，例如，他會告訴自己的愛人：「親愛的，我今天太累了，只想吃一碗你親手做的清湯麵，那才是人間第一大美味啊！」此時的他，身心才算真正放鬆下來，也不再置身於社交下的飲食結構，他很自然的將自己迴歸家庭，這時候的飲食結構，才是屬於他自己的飲食結構。

社交下的飲食結構，可以根據對方的需求隨時轉化成不同的類型，有人就適合於小飯館，有人就適合找個幽靜的茶餐廳，叫上一盤點心和一杯清茶來談合作。有人喜歡在休閒館吃個自助餐，一邊泡澡一邊做汗蒸地談生意，有人則喜歡在享受大餐以後一造成 KTV 一唱就唱到夜裡兩三點。正所謂物以類聚，人以群分，社交飲食結構是根據你所要交際的對象類型做出調整的，只要找到對方覺得最好的社交飲食結構，你才能更為順利地融入到對方的世界。

由此看來，社交圈子下的飲食結構，都或多或少地帶有一定的利他

性，而之所以利他性那麼重要，是因為我們渴望從這場飲食結構中收穫更多。從心理學的角度來講，人的每一種行為都帶有目的性，而社交下的飲食結構，核心目的就是與對方產生更為默契的交際連結，從而更好地在某些問題上達成一致和默契，來獲得更客觀的價值收穫。在整個過程中，精美的美食不過是作為一種社交工具閃亮登場，或許某道菜味道確實不錯，可以讓我們發個朋友圈點個贊，或多夾上兩筷子，但從真正的社交意義角度而言，一切也都不過是陪襯罷了。

不同年齡不同性別，飲食結構千差萬別

對於我們每個人來說，在不同的年齡階段，都會有不同的飲食結構。比如，我們少年時代時所青睞的糖果，如今已經漸漸淡出很多人的視野，即使那無肉不歡的金色年華，也會隨著時光的流逝演變成瓜果蔬菜。曾經買不起的美食，在經濟條件好的華髮之年再也無需節省。正是諸如此類的各種原因，讓我們在不同的年齡段做出了不同的飲食選擇。或許這是一種必然，假如人生是分階段進行的話，那麼每一階段路程本身就具有各自不同的味道。

如今，隨著網路購物的興起，迎來了全民網購的新時代，不論是尚未成年的學生，還是年過半百的中老年人，大家沒事的時候都喜歡拿著手機在網上左翻翻右看看，尋找自己心儀的商品，其中就有相當大比例將購買內容落在食品上。這時大家驚人的發現，不同的年齡群體，在食品的選擇上存在很大差異，由此可見，人們在不同年齡對食物選擇的態度，決定了他們生活中千差萬別的飲食結構。

透過購物的大數據看出，現如今就年齡層而言，中老年消費者在消費上更願意為類似於海參、燕窩等高品質健康的生鮮食品買單，在客單價方面也是所有年齡使用者中最高的。而80後、90後的年輕人，由於工作生活節奏快，更看重效率，相比於中老年人更偏向於水餃、水煎包這樣的速凍半成品，這樣在家烹煮的時候，方便快捷，可以節省很多時間，除此之外，很多購買力強的年輕人相比於老年人更容易接受新鮮事物，對很多進

口的新鮮水果有著很濃厚的購買興趣，越是覺得平時在超市難買到，就越是會下單買來嘗一嘗。

消費者中各年齡層及男女在購物上的差異更有意思的是，除了年齡層不同在購買食品上面存在不同差異外，不同性別的男女，也在購買食品選擇上存在相當明顯的比例差異。女性較之男性更偏向於水果、蔬菜、奶製品等素食產品，而男性在購買食品方面則更熱衷於肉類、蝦蟹、魚類等實實在在的「硬貨食品」。

由此不難看出，不論是從年齡差異還是從性別差異，我們人與人之間的飲食結構都存在著相當程度上的區別，這不僅僅是消費理念，更重要的取決於我們在不同年齡層次看待健康問題的態度。下面我們就根據當下 20 到 25 歲，30 到 35 歲，40 到 45 歲，50 歲以上，四個年齡段，進行一個關於飲食理念大調查，看看究竟問題出在哪兒。

20-25 歲，調查對象：小田

小田今年 23 歲，和別的小女生一樣，沒事的時候也特別喜歡在網上買東西，她說對食物而言，她最擅長的購物方式是獵奇，專門喜歡尋找一些自己從未吃過，又覺得很想嘗試的食品。在她看來，最能誘惑到她的食品是一些標價很誘人的進口水果，首先覺得有些水果長相怪怪的，自己在超市很難買得到，還有就是會對店家特別標註的那些有怎樣養顏瘦身的功效所吸引。此外就是偶爾會買魚蝦或者速凍產品，因為自己工作忙，很少在家開火，一個人的飯不好做，所以冷凍的半成品方便快捷，熱鍋開水往裡面一放，過上一會兒就可以開動啦。

30-35 歲，調查對象：小韓

小韓目前是一個全職媽媽，每天除了日常家務以外，就會開啟手機，

看看現在有什麼時蔬水果可以買。在她的理念中雖然蛋奶肉類都是必須的，但從健康角度而言，飲食結構搭配上應該以新鮮蔬菜瓜果為主。小韓說，現在自己也在學習營養學，包括如何烹製更為美味的營養餐，必定孩子在一點點長大，希望自己能給他最好的照顧。而從個人飲食好惡上，她也更偏重於清淡，按她的理論，自己食用肉食長身體的階段已經過去了，女人從 25 歲以後，要保持青春的狀態，必須在飲食上做一些調整，一點點地向偏素食轉化。

40-45 歲，調查對象：周松

人到中年的周松，在忙完一天緊張的工作後，就坐在沙發上一邊看著電視，一邊在手機上淘寶，他購買的食物一般都比較實在，例如米麵糧油，只要質量上乘，價格公道，一般都會下個單屯點貨，此外自己還會買一些生鮮肉類的硬貨，例如阿拉斯加的深海鱈魚，加拿大進口的牛肉都是他平時購買的最愛。用他的話說，這些道地食材做出來的菜味道就是不一樣，現在經濟又允許為什麼不讓自己吃得更好一點呢？

50 歲以上，調查對象：老孟

老孟已經年過半百，自從兒子教他學會了智慧手機，他就成為網上購物的發燒友，說到購買食物的選擇，老孟的理念是：「過去很多好吃的都吃不上，現在生活條件好了，想吃什麼就別那麼在意價錢了，什麼更營養，什麼更健康就買什麼。」在老孟的購物清單裡，經常會看到海參、鮑魚這樣的產品，有些時候還會買一些高質量的深海魚油和山藥核桃粉，用他的話說，這些都是高營養的健康食品，多吃點少得病，就能給年輕人少添麻煩了。

透過不同年齡購買群體的飲食結構分析，我們不難看到，儘管大家的

目標一致都是為了健康，但對於飲食健康理念上卻各有不同，究竟哪些更適合自己，哪些應該加以規避，大多數人在食物選擇方面多少還是存在失誤的，針對這個問題，最好的辦法就是能夠將這些不規則的飲食結構進行整合分析，在我們固有的主食晶片中加入全新飲食結構調理方案，在保證大家能夠攝食到理想營養元素的同時，有效規避不利食物對我們人身體造成的傷害，這也是人類大健康始終努力前進的主旨方向，當人們能夠更理智的看待自己的飲食問題，就會發現原來吃什麼，怎麼吃，都是為了能夠讓食材物盡其用，以此來有效地調節自己的身體。對於食物而言，我們首先看重的應該是健康，其次才是它給我們帶來的味覺體驗。這一點在人成長的不同年齡階段顯得尤為重要，也是我們有待改善的重要環節。

第五章

藏在飲食文化背後的階層化食物模式

　　儘管當下大家都崇尚人人平等的理想生活，但不可否認的是當下的社會人與人之間是存在階層的，不同的階層背後隱藏著的很可能是截然不同的飲食等級模式。經濟實力的分化不得不讓人在衣食住行上考慮成本問題，不同的經濟基礎，從家中的一日三餐就可以很明顯的看出來。或許也正因為這個原因，從古到今，人們在等級越來越分明的社會裡，各自創造了自己層級之下豐富的飲食文化，其間所蘊含的食物模式，除了反映當時人們馴化食物的無上智慧外，還有一個非常重要的細節，那就是人們的飲食結構在從生存向生活轉化的過程中，在自己所能耐受的經濟成本之下，努力的在尋找著更適合自己的新型食物模式，它不但豐富了人們的人生，也讓人類與食物的未來充滿了絢麗的色彩。

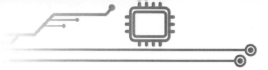

經濟與成本背景，決定了飲食模式的差異

　　成本與經濟看似宏觀卻伴隨著我們的一生，人生處處皆為成本，它大到我們生命質量旅程，小到我們攝食的一日三餐，人們總是在經濟許可的條件下，讓自己盡可能吃得更好一些。一路走來，世界在變，我們碗裡的飯菜在變，這或許是日子越來越好過的表現，手裡的錢越多，在攝食上所要支付的成本就越是小事情。

　　前段時間看到一段對中國現有國情驚人的論述：

　　儘管如今中國社會已經進入高速發展階段，但人口始終是個迷，清朝乾隆年間中國的人口就達到了 2 億人，中共建政是 4 億人，改革開放才 6 億人，現在已經高達 14 億人，可以說是世界人口最為過剩的中心。儘管中國地大物博生產過剩，但不是每個人都吃到了自己想要的食物，過上自己想過的生活。權威是有時代性的，專家是有時代性的，政策，醫學都是有時代性的。而當下中國在糧食經濟方面將迎來怎樣一個時代？人們將以怎樣的飲食模式對待生活？很多人期待，但也有很多人說形勢不容樂觀。

　　在現在的食品行業中，人們對飲食這一方面的要求越來越高，今天對健康飲食，綠色飲食的注重，早已不同於過去的飲食基調。

　　有些人都在嘗試僱傭專業的營養師，來對自己的飲食結構進行合理的膳食搭配，而專業的營養師，會結合對方的身體健康情況和內在需求，建立合理的飲食健康方案，每天吃什麼東西，克數是多少，一天喝多少水，排泄效果如何，一切的一切都會列入膳食綜合調配的內容範疇。

　　不可否認，當下很多人在何為營養進食這件事上是存在盲區的，儘管我們都希望自己能夠膳食營養均衡，但卻對如何達到均衡標準一竅不通，家庭主婦憑藉自己的經驗做菜，要問誰家的飯菜價格既合理又新鮮，她能跟你講得頭頭是道，至於營養問題，每個人都是一臉苦笑：「我又不是專家，我哪兒懂這些，一個吃飯，要這麼多學問幹嘛？。」

　　從這樣的話中，我們不難看出，新時代的人與他們父輩在飲食理念上已經出現了很大的差距，一個更嚮往健康高質量的飲食生活，願意為自己的健康做更高成本的付出。而老一輩則還是更偏向於經濟實惠，不就是吃飯嘛，請什麼資深專家、營養師，都純屬是浪費錢。只要飯菜可口，食材質量上沒有問題，就是最好的一日三餐。

　　當我們的經濟實力上升到一定層次，精神文化層次必然也會跟著提高，當我們看到周的朋友都在享受一種更為健康的生活模式和飲食模式的時候，內心的慾望就會告訴我們：「我也需要。」

　　以前一個來自鄉下的孩子，曾經唸書的時候可能中飯就是一碗粥加一小碟鹹菜，餐廳裡有好菜不敢點，到了家飯菜更是簡單到連鹽味都沒有，飲食結構極為簡單，更談不上什麼營養。之後自己考上大學，半工半讀賺了錢，有生以來吃到了第一道自己想吃的菜，從此人生的飲食結構就發生了很大的變化，他心中有了夢想，以後自己經濟條件允許了，至少也要改善一下自己的伙食。之後他工作了，因為能力強，薪資一路飆升，於是他的飲食結構又發生了改變，希望能夠找些特色小館和要好的同事一起嘗嘗鮮，他的飲食結構又改變了，他告訴自己，什麼都可以將就，吃飯就是不要再將就。

　　之後這個年輕人開始創業，公司做得很成功，卻發現身邊特別要好的客戶，因為過分勞累，飲食不規律不合理，導致疾病纏身，這時候他意識

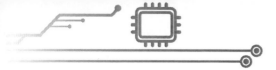

到，身體對於一個人來說比什麼都重要，美食固然可貴，但健康飲食更重要，於是他下意識的準備請一位營養師，幫助自己調整每一天的膳食安排。經過調整，他看到了真實的效果，卻覺得每天準備這些食材太麻煩，於是他開始新的探索，希望能夠找到一種既健康又營養，而且進食過程非常方便的食物，這樣一來，他把眼光落實在新主食晶片概念下的功能性主食上。

隨著對健康知識的提高，人們便開始不自覺地朝著更為優化的主食結構邁進，飲食結構的改進提高了人們自身的生活品質，同時也促使著他們朝著更有效率、更為健康的膳食目標努力。當這種美好的狀態，不斷地在我們的世界中出現時，我們就會發現，自己已經越來越離不開這種功能飲食結構了。因為功能性飲食結構讓我們精力充沛的同時，還會及時地補充我們時下能量最為匱乏的部分，從而有效地調節我們的體質，幫我們達成塑身美顏的目標，更為重要的是，還會在關鍵時刻解救我們，在我們的人生特殊階段彰顯無可替代的價值，這或許就是它與眾不同的意義所在。

功能主食的魅力就在於，讓你快速地看到效果，同時讓你體驗到一種全新的健康飲食生活方式，它很極簡，很小資，也很有生活韻味，一旦拿起來就難以讓人再捨得放下，儘管固有的飲食結構，確實也存在著色香味俱全的誘惑，但隨著人們思想意識的提升，為了能夠更健康更長壽更有效率地生活，恐怕很多人還會更青睞功能主食為他們所創造的一切！

時代政治環境下，倡匯出來得食物結構模式

　　食物雖然直接連結著我們的生活，但就政治因素來說，它同時也關係到民生，古往今來，政治與食物之間的連繫，就從來沒有間斷過。在時代政治的影響下，食物的形式種類也會跟著發生改變，而這一切在悄無聲息地決定著我們每個人的飲食結構，決定著我們信念中的幸福感，任何食物的結構模式下都有著它特有的主要因素，而政治因素，絕對是其中不可或缺的一支。

　　政治到底跟飲食有什麼關係，或許這時候有人會說：「皇上吃飯，百姓也得吃飯，所謂的關係不就是誰吃的好點，誰吃的差點嗎？」如果你這麼認為就錯了，前面提到過，老子云：「治大國如烹小鮮」國家與飲食之間的關係，需要我們慢慢地品。

　　古人爭奪江山社稷，成就千秋霸業，可謂是充斥著殘酷血腥暴力又不失莊嚴的事情，被稱之為「群雄逐鹿」，「問鼎中原」。什麼是「鹿」？它可不僅僅代表著一種動物，更多的說的是要放在碗中的食物。而所謂的「鼎」有點研究的人都知道，那是古人專門用來煮東西吃的大鍋。

　　由此可見，政治從一開始就與飲食有著千絲萬縷的關聯，古今英雄多少文韜武略，全都是由碗中普通而又不普通的飯食為喻來論述自己的政治思想，傭兵謀略的。所以說，吃飯這件事真不是小事，翻閱歷史，很多重要的政治活動都與飲食有關，不管是歷朝歷代的哪一個時期，只要用心研讀，你總能發現幾個跟飲食行為有關的亮點。

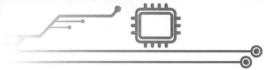

在以國家政治權利為中心的古代社會，人們的飲食活動和飲食行為是受到政治形態的制約和影響的，有些飲食內容在政治的作用下，已經遠遠脫離的飲食本身所帶來的物質享受，而作為一種政治形勢，向其他非飲食的社會功能轉化。例如，為了讓社會平定安寧，政治之下很容易就把飲食行為與國家治亂相互關聯。從飲食烹飪理論中尋求是施政國的統治經驗。當統治階級將飲食活動納入了「禮」的範疇，人類就順著政治的軌跡進入了一個嶄新的文明時代。皇帝透過賜飲賜食來籠絡人心，飲食在統治階級看來，逐漸成了一種政治工具。

由於社會飲食行為始終自覺或不自覺的受到社會政治干預的改造，從而鍛造出了中國飲食璀璨的文化，也從而呈現出了鮮明的政治韻味。

回顧歷史，很多有智慧的政治家，都透過簡單的一頓飯快速達到了自己的政治目的，不但穩定了自身的地位，還以最小範圍的投入獲得了最大程度的利益。

早在春秋時代，齊國有古冶子、公孫接、田開疆三位大將軍，三人功高蓋主、自以為是，桀驁不馴，讓齊景公很是擔心，生怕有一天自己的江山會因為他們的原因而坐不穩，所以就想除掉他們，但是卻找不到藉口。齊國宰相晏平仲設計送了兩顆碩大的桃子到將軍府，讓三位將軍自行評論，推薦其中兩位功勞最大的，來吃這兩個桃子。

這時候古冶子恰好不在，公孫接和田開疆就一人各自食用了一個後，不由得沾沾自喜。古冶子回來後，聽說了這樣的事，非常生氣，因為他建的功勳要比那兩位大許多，卻功高無桃，這讓他覺得自己受到了極大的侮辱，遂拔劍自刎。另外兩位看到因為自己貪吃桃子，導致古冶子的死，心中也是羞愧難當，隨即也自盡了。

就這樣，晏子不要一兵一卒，用兩顆桃子便解決了三個對國家有威脅

的大將軍，解除了齊景公的心腹大患，其政治手段可謂是登峰造極。

這個故事就是著名的「二桃殺三士」，如果沒有那兩顆桃子，恐怕整個歷史都要改寫成另外一個版本了。

說完了政治與飲食之間的關係，我們再來談談飲食結構，在不同的政治時期，統治階級除了利用飲食來謀取自身利益以外，還在不同程度上影響了國民的飲食結構。例如在不同的統治時期，政治家為老百姓描繪的最美飲食狀態是不一樣的。

例如，古代聖賢孟子在《寡人之於國也》中說：「不違農時，谷不可勝食也；數罟不入洿池，魚鱉不可勝食也；斧斤以時入山林，材木不可勝用也。谷與魚鱉不可勝食，材木不可勝用，是使民養生喪死無憾也。養生喪死無憾，王道之始也。」

孟子的字裡行間圍繞的都是老百姓需要的食物，有穀有肉，有茂盛的林木，這樣的生活狀態就是王道的生活狀態。而這在之後的漢朝，董仲舒時期罷黜百家獨尊儒術之時，就具備了非常重要的政治意義。統治階級開始以此作為目標推行自己的治證思想，而人們的飲食結構，也在這種理政思想的推行下發生了改變。

再從遙遠的古代翻回近代，當年蘇聯時期，人們最嚮往的幸福生活，就是治政者為大家描繪天天都能吃上馬鈴薯燒牛肉的共產主義生活。那時候在人們的思想境界中，馬鈴薯燒牛肉的飲食結構可以說是人一生中最幸福的飲食結構了。這種追求，來源於政治思想的描述，它把人們的意境帶到了一個非常美好的層次，馬鈴薯燒牛肉，是一個政治構想，最直白的表達了對大眾的政治理解。

到了今天，我們知道每天吃馬鈴薯燒牛肉並不是營養健康的飲食結構，隨著人們生活水準越來越高，我們對營養膳食的知識理念也越來越深

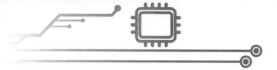

入，在這個過程中我們經歷了很多次飲食結構的調整，如今終於走向越來越健康合理的道路。

隨著時代的不斷推進，我們相信飲食結構會隨著國家政治的調整，在食品的經濟性和商業性上迸發出更為積極的市場活力，新興的生物科技、農業科技，會在國家政策的扶持下獲得欣欣向榮的發展，而此時我們手中的食物，也必然會因為這一切的發展而悄然發生變化，它會不斷地在我們的主食晶片中提升自身的功能效應，它的內容會變得更豐富，形式會變得更簡單，當然這一切都離不開市場的推動效應，而市場的推動往往意味著我們人類自身的改變。

這是一個以政治、經濟、成本，市場，飲食結構為一體的偉大變革。如今它已經在慢慢滲透到我們的生活，悄悄變更著我們主食晶片中的飲食系統。而若干年後，當我們拿著新興科技成果下的功能飲食再翻回過去，說不定心中還會有說不盡的感慨。未來永遠是越來越好的，在改善了自身飲食結構的同時，我們共同的夢想是長命百歲，健健康康活到天年。

飲食觀念源於人們最古老的經驗

一日三餐是每個人每天要經歷的事情，但就是這平常的不能再平常的事情，我們卻能從中解讀出更為豐富的內容。中國的飲食文化之所以博大精深，是因為從古至今我們的祖先前赴後繼總結出了大量的寶貴經驗，而這些經驗也在無形中造就了我們的飲食觀念，從五行相生到藥補、食療，再到從西方引進的元素食法，人的飲食結構隨著時代的的推進，不斷出現新的亮點，誰也不知道，若干年以後，它又將為我們上演哪些有趣的新內容。

曾經有人形容這個世界，對於人而言，世界就是一個食物資源庫，裡面有各式各樣琳瑯滿目的食材，我們每個人就是一個端著大碗的食客，總是能希望能在這樣龐大豐盛的食材庫中得到更多，但人又與這個世界是同源一體的，吃得太多就會胃脹，吃的不對五臟六腑就會產生各式各樣的病變反應，所以他們開始意識到，儘管上天賜給他們很多，但想要真正生活的好，在吃飯這件事上還是要有選擇的，營養均衡很重要，定時定量也很重要，但怎樣才能達到這樣完美的攝食標準呢？於是我們的祖先開始了自己不斷研究探索的過程。

我們古代中國的五行，針對不同的氣候，四季的輪迴更替，以及五臟六腑在不同時段的反應和需求，食物對應的搭配顏色，每一種食材的性質和功能，一個一個地透過五行的理論羅列出來，言辭簡單，清楚明瞭，當人們再面對飲食問題的時候，就可以參考五行的經驗，根據自己身體的需要，選擇最適合自己的食物。

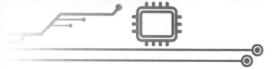

與中國的五行天地人相比，西方國家的飲食則更重視食材的營養，因此當他們談到飲食結構的時候，首先想到的是其中富含怎樣的微量元素，每個微量元素能滿足人體哪方面的健康需求，而哪些食材中富含這種元素，並能夠幫助自己有效的吸收。因此我們會看到，西方人在進行飲食搭配時的經驗，是根據元素配比，來合理的選擇每一份食材，並且在用量上都力求達到合理精準，因為他們覺得，這樣才是愛自己的表現，這樣吃飯才是最健康的。

相比於中國重視味覺口感的觀念，西方人在經驗上更偏向於理性，他們對於那些不同地域、氣候、季節更替產出的食材，唯一的要求就是健康、營養，而口感不能說不重要，但這是其次。所以我們會看到從西方觀念中的合理的飲食結構，一般談的是一天攝取了多少熱量，食物中的維他命、蛋白質比例是否均衡，即便此時口味上千篇一律，在他們看來也一樣能夠接受，因為只要吃下去，就意味著自己已經獲得了營養。這與西方整個哲學體系思想經驗是相適應的。

與西方人不同的是，中國人對於美食的概念是：「民以食為天，食以味為先」。這就意味著在中國人的飲食系統裡，對口感的追求遠遠要高於對營養的追求，這也是在久遠的歷史長河中，我們在樹立飲食觀念的過程中所衍生出的經驗，四季食材不同，烹飪方法不同，所要達到的飲食目的不同，儘管我們中國有自己的一套營養食療概念，但在食材馴化的過程中，勢必會破壞到一些蘊含在其中的營養物質，但即便是這樣，大家也能夠欣然樂受，因為美食給自己所帶來的愉悅，才是自己當下最渴望得到的東西，這種觀念的沿襲，也是從過去的經驗中遺傳下來的。

社交中的「癮食」文化，不僅僅是吃飯而已

　　社交時間長了是會上癮的，這種癮，除了發生在人與人之間，還發生在人與人社交工具的食物當中。一頓飯看似是一頓飯，但其中所蘊含的隱性文化卻異常深淵。它就在我們的日常生活中，在我們偶爾升起的慾念裡，起初不過是覺得好吃，到後來開始欲罷不能，再到之後時隔幾日不吃上這口便覺面目可憎，這種成癮的狀態越來越牽動我們的心神，此時的我們不僅僅是為了吃飯，更多的或許已經是為了心中的一個「癮」字服務了。

　　隨著人類生產水準的提高，大家對精神生活的要求將會遠遠超過對物質生活的要求，為此有人推斷，未來的文化產業必將成為作用於時代前進的強大動力。但有一點不可改變的是，文化來源於生活，生活離不開關係，關係之間存在交際，而說到人與人彼此建立社交的方式，恐怕誰都逃不開吃飯。這樣梳理下來，人還是離不開物質的核心，想要擁有更為美好的生活狀態，就要將碗中的飯與我們精神文化層次有機的結合起來，這樣我們在迴歸飯食的時候，吃的就不再僅僅是一頓飯，也不再是沒有感情的消費品，而是滿滿 (的) 的幸福感和成就感。

　　很多人之所以將社交關係與吃飯關聯在一起，除了人在吃飯的時候，大腦處於放鬆狀態，可以更有效率的交流溝通。其實還有一些隱性的其他原因，例如，人在吃飯的時候，更容易找到幸福的存在感。假如再有一些癮性食物的加入，相處的氛圍就會變得更加融洽，它可以為人與人之間快速拉近距離提供助力，使溝通在這一工具的催化下變得更加順利。

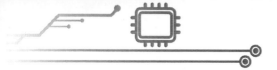

舉個例子：

1974 年，可口可樂公司正式宣布將原配方中的古柯鹼剔除，原因是這種物質容易讓人上癮，影響人類的情緒。

為什麼它有這麼神奇的力量呢？因為從生物元素角度來說，古柯鹼給大腦的感覺，很近似於其記憶程式中的幸福素內啡肽，而對於這種喜悅的幸福感，是人類非常渴望得到的。但按照一般的常理，內啡肽的產生需要人們付出大量的行為和努力，最終在現實生活中實現信念中的目標和理想，才能擁有這種幸福感的體驗，而且所能維持的時間也相當短暫。所以想得到內啡肽，人們所要付出的成本是相當高昂的，但是成癮類食物，卻可以透過很低的成本，幫助人們獲得類似於內啡肽所帶來的幸福感體驗。

很多人說吃飯是在給自己的身體提供營養，但這話只說對了一半，我們吃飯的整個過程，首先餵養的部分是我們的大腦。而如酒類、糖類、茶類、咖啡類的食品都可以在不同程度上刺激我們大腦敏感部分，形成一種進食快感，並帶有一定的癮性元素。這些元素與之前說的古柯鹼效果類似，可以帶給人最為廉價的愉悅幸福感，讓人在這種快樂的體驗不斷延續，假如這時候有人能夠與自己一同分享這種美好的感覺，那麼我們心裡的喜悅感就會無限加倍，而社交恰恰滿足了人與人之間相互陪伴，分享快樂的需求。因此類似於「兄弟交情無酒不歡」這樣的「社交癮食文化」，就很自然的在人們的意識中一點點的建立起來。

不可否認的是，適當的「癮食」文化，可以讓我們與他人之間的社交關係變得更加融洽，但萬事都有度，什麼東西都不能貪多。假如這個時候過分沉迷其中，使自己無法脫離快感的誘惑，那麼很可能還會造成適得其反的後果。對於這個問題，我們的祖先很早之前就為我們樹立了典範。

傳說堯帝時期，有一位釀酒高手，但凡是他釀的酒，讓人一入口就如

痴如醉，堯帝不信，便差人買了一罈親自品嘗，誰料想這一品便真的讓自己如痴如醉，癮性大發，一盞接著一盞越喝越覺得到了人間仙境，直到一罈酒喝完，人也醉倒在地，醒來後依然對這美酒的迷香意猶未盡。

然而，就在此時，一個理智的念頭促使他快速做出決定，將這位釀酒高手親自釀的美酒通通毀掉，並將此人獨自贍養，不允許他把祕方透露給任何人。如此下來，這美酒的釀製方法因為堯帝的干涉成為了千古之謎。

當時有人問堯帝為什麼要這麼做，堯帝的回答是：「這美酒妙得連我都如痴如醉險些上了癮，更何況後世子孫黎民百姓，如果大家都因為他而醉生夢死，那將是一個多麼可怕的局面啊！」

儘管古代的科技不發達，但古人卻要比我們現代人有遠見的多，如今有關於社交癮食文化的內容越來越引起大家的關注，它已經很自然地融入我們的生活，成為了我們每一天都不可缺少的一部分，我們貌似已經心甘情願被其催化，只要能夠讓自己擁有更為幸福美好的感覺和意境。它在年輕女孩相約逛街，順道安坐的甜品店裡；它在兄弟調侃宣洩的夜店酒吧裡；它在見面送禮的美酒好茶裡；它在想了就會流口水的麻辣火鍋裡。總而言之，閉上眼能讓你想到的美食快感，恐怕都逃不過「癮君子」的存在。與其說我們吃的是一份食物，不如說我們吃的是一份感覺，我們希望從中得到更為豐厚的幸福感和快感，希望它在刺激我們味覺的同時，帶給我們成倍的精神回報和社交回報。

當然從社會層次角度來說，不同階層的人有不同階層的癮性文化，雖說文人墨客有詩仙李白那樣鬥酒十篇一樣的人物，但真正讓對方成癮的往往是飲食之外的詩情畫意，越是能夠給他們帶來精神層次上的快感，就越能與他們拉近關係。而對於平常老百姓，最接地氣的莫過於一盤花生米、一盤羊雜、醬牛肉，再來上一瓶美酒，跟對方說一句：「即便對面是山珍

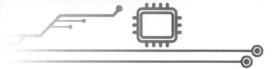

海味，可咱哥倆就好這一口。」這話一出，保不齊朋友已經坐實了一半。而年輕人在一起，就是要找刺激，找個大口擼串的特色小店，伴著啤酒可樂舉杯歡慶，嘴巴上調侃著誰誰戀愛誰誰失戀的青春話題，沒過兩分鐘就會有人把你當知己。人與人之間的親近有時看似很遠，癮食文化用好了，心與心的距離有時就在咫尺之間。

一個朋友說，每當自己走進一家熟悉的餐廳，就會莫名地回憶起和自己在這裡相識過的人，假如當時大家吃得很開心，聊得也很開心，自己就會陷入回憶，並微妙地露出笑意，有時還會主動掏出手機給對方打個電話，希望有時間還能一起出來坐坐，這才意識到自己又無形地被某段「癮食」記憶感染了。

「癮食」之所以能稱得上文化，是因為它確實可以很微妙地影響我的生活，這種美好的感覺讓我們不僅僅吃到了一頓飯，還為我們創造了更多增進彼此社交關係的機會。但從理智上講，適度一用，效果甚佳，成癮亂用，肯定是會傷害身體的。

階級與知識的差異，創造了不同階層的飲食文化

　　不同的階層有不同的文化，不同的文化鍛造了他們不同的飲食結構，自古以來，人們就已經習慣在階級分明的時代，在自己身處的階層努力創造美好生活的狀態，其中最重要的就是完善好自己的飲食。正所謂皇帝有皇帝的錦衣玉食，平民有平民的市井小吃。不管哪一種美食，送進嘴裡細細地品，都別有一番風味。

　　從很早很早以前，一些知識青年就為人人平等的美好社會而努力奮鬥，直至今日，對平等生活的期待，依然是很多人夢寐以求的美好願望。但理想歸理想，有人的地方就有江湖，有江湖的地方必然會出現階級，不同的階級、不同的知識文化，對生活的態度，對事物認知，以及所採取的行為，處理事情的做派都有著相當大的區別。而在飲食方面，不同階級層次和知識層次，也在歷史悠久的美食文化長河中創造出了自己特有的味道。

　　其實中國人打源頭開始在吃飯這個問題上就是有講究的，不論是從菜品的規格還是在老幼尊卑的禮儀，每一道程式中都有自己的說法。就拿最講求禮儀的周朝來說，一本《禮記》就記載了周王朝尊卑不同階級等級的飲食生活狀況：「天子之豆（豆，古人盛食器具）二十有六，諸公十有六，諸侯十有二，上大夫八，下大夫六」。也就是說，即便你再有錢，做的菜品也不能超出了你身分的規格，否則就有犯上之罪，試想一下一頓飯你為了表現富有，比皇上吃的還尊貴，假如這種風氣在社會上傳播開來，大家

121

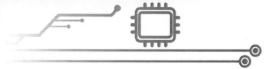

免不了對皇帝的尊嚴產生輕視懈怠，就很容易造成政局不穩。所以單從飲食上，作為統治階級，就要樹立自己的權威，不同的等級你該吃什麼就吃什麼，吃多了，想多了對自己都沒好處。

此外周朝還有龐大的禮儀體系，而「禮」的一個重要方面就是祭祀，食物就是和天地溝通的媒介，很多食器也是禮器。

對於周王朝來說，鼎是最為貴重的，它象徵著權威，鼎的數目標誌著你的社會階層，以及所處的階級身分。假如研究歷史，我們就會發現，歷代的鼎永遠都是以奇數出現的。一個鼎對應的是貴族階層中地位較低的「士」，食物配置是豚（乳豬）；三個鼎為「士」在特殊場合使用，食物配置可以是豚、魚、臘，或者豕（豬）魚、臘；五個鼎對應的是大夫，食物配置是羊、豕、膚（切肉）、魚和臘等；七鼎對應的是地位德高望重的卿或諸侯，食物配置是牛、羊、豕、魚、臘、腸胃、膚；九鼎對應的是天子，食物配置是牛、羊、豕、魚、臘、腸胃、膚、鮮魚、鮮臘。從食物的分配上，我們就不難看出，從中國飲食文化的源頭起，我們碗裡的食物就帶有相當大程度的階級內涵。這種龐大的禮儀體系，鑄造了中國人階級意識下的飲食文化，是中國美食多元化發展的重要開端。

有一位美食家說：「中國的飲食文化，階級分明，卻各自璀璨，皇上有皇上的滿漢全席，達官貴人有達官貴人的八大菜系，而普通老百姓也有咱普通老百姓的市井小吃，每一道都別具風味，一點都不會覺得寒酸。」這話直接道出了中國飲食文化的豐富內涵，在階級文化與知識文化的衍生下，我們所看到的中國美食本身就蘊含著豐富的時代氣息。

下面就讓我們跟隨者歷史文化的脈絡，感受一下當年不同階級所享受的美食文化境界吧！

第一個階級：統治階級

古代的皇帝飲食到底有多麼尊貴，這一點我們從清朝末代皇帝溥儀寫的《我的前半生》就能清楚看出端倪。據末代皇帝溥儀回憶，當時他吃飯的時候規格是這樣的：

到了吃飯的時間，並無固定的時間，完全由皇帝決定時間，我一吩咐，傳膳，一個猶如送嫁的行列已經走進了御膳房。這是由幾十名穿戴整齊的太監組成的隊伍，抬著七張小膳桌，捧著幾十個繪有金龍的朱漆盒，浩浩蕩蕩直奔養心殿而來。平日菜餚兩桌，冬天再單設一桌火，北外有備種點心，米膳，粥品各三桌，鹹菜一小桌。食品是繪著龍紋，寫著「萬壽無疆」字樣的明黃色瓷器，冬天則是銀器，下託著盛著熱水的瓷罐。每個菜碟和菜碗，都有一個銀牌，這是為了戒備下毒而設定的。而且為了同樣原窗，上來的每一道菜都要太監先嘗過，這叫做「嘗膳」，在這些嘗好的東西擺好之後，我入座之前一個小太監叫了一聲：「打碗蓋」。其餘四五個小太監便動手把菜上的銀蓋取下，放在一個大盒子裡拿走，於是我就開始用膳了。

單從這一套程式下來，不論是人力、物力、財力，耗費量可想而之，據說溥儀時代在飲食方面還算不上清朝皇帝中最奢華的。由此可以看出當時的統治階級，在飲食方面是何等講究，既要證明自己的尊貴，又要力求每一道菜精緻可口。儘管皇上的飯很豐盛，但卻未必吃得開心，江山就在他一個人手裡，坐在高處不勝寒。他們沒有真正的朋友，要想找個能吃得來喝得來的朋友，不論從禮制，還是從本有的防範心來看，都是一種奢望。

第二個階級：貴族階級

說到貴族飲食文化，距離我們最近的，莫過於孔府菜和譚家菜了。孔府歷代都設有專門的內外廚師，在長期的發展過程中形成了燦爛悠久的飲

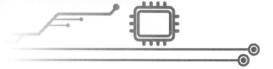

食文化系統，它菜品精美注重營養，風味獨特，其中所蘊含著的是孔老夫子「食不厭精，膾不厭細」祖訓。

吃孔府菜，與其說吃的是美食，不如說吃的是風雅，每一道菜名，每一個食器，都具有濃郁的文化氣息，如「玉帶蝦仁」表達的是孔府地位的尊榮。在食器上，除了特意製作了一些富有意識造型的餐具以外，還鐫刻了與器形相應的古詩句，如在琵琶形碗上鐫有「碧紗待月春調珍，紅袖添香夜讀書」。所有這些，都傳達了天下第一食府飲食的文化品味。

另一個就是譚家菜，譚家祖籍廣東，又久居北京，故其餚饌集南北烹飪之大成，既屬廣東系列，又有濃郁的北京風味，在清末民初的時候再北京享有很高聲譽。譚家菜的主要特點是選材用料精細，範圍廣泛，製作方法也奇異巧妙，主要以烹飪各種海味最為擅長。譚家菜的主要製作要領是調味講究原料的原汁原味，以甜提鮮，以鹹引香；講究下料狠，火候足，故菜餚烹時易於軟爛，入口口感好，易於消化；選料加工比較精細，烹飪方法上常用燒、火靠、燴、燜、蒸、扒、煎、烤諸法。貴族飲食在長期的發展中形成了各自獨特的風格和極具個性化的製作方法。

其實，貴族飲食文化還不僅僅局限於此，曹雪芹在自己的名著《紅樓夢》中就對貴族家庭的美食有過很好的闡述，貴府之家，廚師眾多，可謂各有所司，分工細密，一旦府邸垮台，廚師就流落民間，那些累積了多年的烹飪文化和寶貴經驗，除了那些寫成專書的有心人外，皆做《廣陵散》了。

第三個階級：士大夫階級

如果說統治階級的皇帝吃的是威嚴，貴族階級吃的是尊貴，那麼對於士大夫階級來說，飲食更偏重的是小資和情趣。儘管沒有貴族們富有，但手裡也算有閒錢，比上不足比下有餘，也就有了餘地調劑生活。

因此很多士大夫的飲食都很講求養生，也很講求風雅，很多人甚至喜歡自己動手製作美食，一桌好菜端上來，都是自己的勞動成果，那種感覺別有一番風味。正所謂治大國如烹小鮮，這一點在士大夫身上可謂表現的淋漓盡致，吃得雖然相比於上流社會簡單，但也別有韻味，吟詩作對，素琴笙簫，照樣有覺得妙趣橫生。

第四個階級：平民百姓的市井階級

從上流社會一步步到了平民階層，所涉及的吃食就要低好幾個檔次，但這並不意味著會在胃口上失分，老百姓利用手裡有限的食材發明出了各色獨具風味的小吃，例如，我們耳熟能詳的餛飩、鍋貼、包子、蒸餅，老北京特色的爆肚、羊雜湯，還有好多人好這口的燉吊子、滷煮火燒，都是當時市井小吃中的一支，此外還有各色的點心，例如，炸糕、驢打滾兒、豌豆黃，這些內容無一不豐富了當時老百姓們的飲食生活，而這些吃食的背後也蘊含著無數豐富多彩的故事。

即便是手裡的錢有限，但也要努力的把自己的日子過好，過好日子的最重要前提就是讓自己吃好，虧什麼都不能虧了嘴，只要一虧嘴，好日子的氣勢就會受影響，這就是中國老百姓之所以那麼專心研究吃食的原因。

由於人在不同階級的層面上，思考的事不同，處理問題的方式不同，自然也會在吃這件事上有不同的觀念和文化差異。有了階級的存在，我們的飲食文化才有了更為分明的層次藝術，因為有了知識文化差異，我們手裡的食材才會在不同人的手中鍛造出更為多元化的美食形式，經管這一系列的美食，靈感源於某個人意念迸發的偶然，但從時代脈絡上這一切的出現都是存在必然連繫的，在不同階層的故事裡，飲食永遠是不容忽視的細節，它始終陪伴在歷史的程式裡，以至於到了今天，我們夾起每一塊食物時，還能品味出不少舊時味道。

第六章

進化與變革，誰是大健康食物模式的金鑰匙

　　時代在不斷推進，食物也在人類的馴化和加工中不斷進化著，從歷史走到今天，人們在食物模式上已經發生了翻天覆地的變化，而人們的健康意識也在隨著經濟水準的提高而不斷提高著，人們正在試圖透過先進的科學技術開啟食物產業的又一個嶄新的大門，找到實現真正大健康生活狀態的金鑰匙。他們試圖以各種方式更深入的了解碗中的食物，希望能夠更好地將自己的飲食加以調配，最大限度地開啟它們有利於人類健康的強大功能。不容置疑，這是一場人類與食物共同進步的全面變革，而這場變革必然會顛覆人們原有的主食晶片意識系統，迎來新時代下的全新的飲食模式、全新的飲食概念。

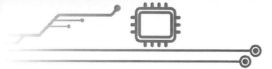

主食結構富有時代性，這個世界沒有權威

　　不同的時代，不同的文化脈絡，不同的文化脈絡成就了不同的思想理念，而思想理念融合於生活就創造了不同的飲食結構。從發展的角度而言，我們的碗中餐，是智慧照進現實的產物，伴隨著人類的進步，智慧的昇華，我們手中的食物也會在時代的變革中發生改變，在它的世界裡沒有權威，只有觀念的轉換和需求的補給。它富有時代性，而我們的碗中餐本來就是具有這樣鮮明時代色彩的。

　　目前，我們在很多領域都越來越相信權威的影響力，所謂權威無非就是在自己的專業中做出過輝煌的成就，擁有獨到的見解，以至於讓大家認為但凡是他說出來的話都是正確的。而事實上，從宏觀的角度來說，這個世界哪有那麼多的權威。人類生命的旅程是不斷向前探索和邁進的，所謂經驗，大多具有時代性，不可能長久的正確。我們不可否認這個世界存在真理，存在規律，但至少在食物的世界裡，目前為止還真的沒有權威到屹立不倒的位置。

　　從歷史的沿襲上看，人類與主食之間的關係，起初就是簡單的飽腹感，主食晶片的飲食結構也非常簡單，餓了能吃飽就可以了，對食物沒有其他要求。隨著食物選擇餘地增多，為了能夠更好地適應自己的胃口，才開動智慧發明了各式各樣的主食品種，並從中不斷探索，從口味，食材配比上有所選擇，還進一步的根據自己身體的需要進行養生健康方面的研究，但即便是這樣，不同時代的主食理念，還是找不到權威的影子，所謂

的權威無非是根據不同時代人們的需要而定的。

　　例如，有一段時期，人們對於主食的概念就是麵粉和稻米，覺得只要有這兩樣東西，自己碗裡就算是有主食的。那時候人們對於主食結構的概念，就是能吃上優質的精米精麵即可，從黑饅頭、黃饅頭，轉變成白白甜甜的白饅頭就是生命飲食結構中最大的幸福感。究其原因是當時食物緊缺，生活條件差，每戶人家能分到的精糧很少，陪伴大多數人度日的都是乏味得直刮嗓子眼兒的粗糧，於是大家就想：如果能天天吃上稻米白麵，那生活每天豈不是都跟過年一樣？因為缺乏所以珍貴，在那一代人來看，精米白麵的主食結構，就是最好的主食結構。所以，人們大腦的主食晶片就是精米精麵構成的。

　　隨著人們生活水準的提高，人們對營養學有了進一步的研究，在家家戶戶都能吃上精米精麵的時代，很多營養學家又開始重新鼓勵大家回歸粗糧時代，他們認為精米精麵在加工處理的過程中，削減了很多主食本身所帶的營養元素，而粗糧中這些膳食纖維，營養素都能很好地保留下來。於是人們在主食晶片中的飲食結構理念又開始受到顛覆，盡可能的讓自己回歸早前的雜糧時代，玉米麵、高粱米漸漸成為流通在市場上人們的主食新寵。

　　時代不斷向前推進，時間效率問題越來越受到大家的關注，主食產品為了能夠迎合消費市場的需要，開始朝著速食結構探索，於是乎，諸如泡麵、速食餅乾、冷凍水餃等一系列方便飲食產品進入大家視野。為了能夠在快速解決吃飯問題後迅速進入工作狀態，有很多人在很長一段時間與這些速食產品形影不離，而當時的廣告宣傳中的主食理念，也是打著快捷美味的旗號，不斷在成本效率意識上為大家洗腦，讓大家更青睞於自己的產品。當這些產品風靡一時之後，有關科學研究結果又爆出訊息，說速食產

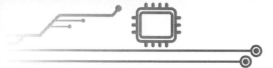

品存在一定的安全隱患，長時間食用可能影響到人體的身體健康，嚴重的還可能致癌。於是人們受到這一宣傳引導的衝擊，又開始在不同程度上對自己的主食結構進行調整，並將自己的飲食方向偏重於時下所倡導的營養形狀態。

人們對於飲食的概念，從來都是時代所賦予的，不同的時代，對主食結構有不同的理解和選擇。而在這些不同的主食結構裡，從來沒有一個真正可以屹立不倒的權威理念。人們根據自己不同時期的需要，調整著每一天的飲食結構，並在這些飲食結構中收穫著滿足感。主食結構的改變往往源於時代的需要，源於時代下消費族群的需要，時代市場需求是什麼樣，主食結構也就必將成為什麼樣。

展望未來，隨著人們精神文化生活的提高，經濟水準的增長，大家必然會對自己的身體健康給予大力度投資。除了重視主食的營養和品質外，很可能還會賦予它更高的要求，例如，能不能將食材中的營養快速有效吸收，能不能有效的節約自己的經濟成本，能不能在享受進食的過程中有效提高生命質量和生活質量，能不能在自己的飯碗裡加入更多功能性的綜合調理成分。這一切都是與時代的先進理念和潮流接軌的。

如今人們開始越來越崇尚極簡主義，不論是生活還是工作，甚至連飲食也變得越來越簡單，越來越精緻。大家都希望能夠在有限的生命時光裡，省出更多的時間做自己想做的事情，於是極簡式飲食結構就這樣悄無聲息的成為一種飲食潮流。

研究顯示，未來的人們會把關注焦點放在提高時間效率方面，而這時的主食結構，又會發生怎樣的變革呢？曾經有人推測，未來世界的人享用一頓飯的時間可能不會超過三分鐘，但他們所攝入的營養成分卻要比現在以享受美食為樂的我們高上 N 多倍。他們攝食的方式會越來越多元化，

不僅僅只有入口的方式還可能是直接吸入方式，隨著功能性主食的研究推進，這種多元化的飲食結構，也必將得到大眾的認可和接受。

那時候，人們會從飲食的享受中跳脫出來，騰出更多的時間從事他們更感興趣的事情，而飲食的作用很可能只是一種生命的必須，但這種必須中的品質含量和功能含量將成為他們最關注的焦點，他們希望用很少的時間獲得最大化的利益和價值，這一理念已經滲入了他們的骨髓，而食物生產廠家也必然會在這時候迎合大眾的需要，推出各式各樣富有高技術含量和功能作用的功能性食物產品。它們可以在短時間內讓人體受益，增強身體的活力和能量，從而有效地幫助人們更好的從事之後的工作。

但即便是這樣，人們或許依然會受到權威意識的局限，從而不斷的創新，不斷的依照自己的需要去馴化改造食物，改良生活狀態，直到達成目標，看到滿意的效果。再過若干年，當時代有了更高層次的推進，說不定還會有更新型的飲食結構出現，那時人們生活的狀態，應該早已經發生了翻天覆地的變化。

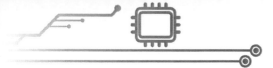

從原始需求到利潤需求，人對食物的要求還要昇華

　　人們最初對食物的理解，就是用來果腹的生命源泉。隨著生活水準一天天好起來，這份生命的源泉就一點點的轉化成了商品，人們開始利用它有了更高的利潤需求，從自己的概念上將它從單一的食物劃分到了商品的行業。從那以後，食品和商品有了默契的連結，品種開始繁多，需求層次也開始不斷提升。這何嘗不是人類的一種進步，需求的昇華，帶動的將會是食品產業更高層次的技術革新。

　　回顧我們的成長過程，就會發現，我們在不同的年齡伴隨著的是對不同食物的追求，兒時的我們渴望糖果、巧克力，認為那是生命中最幸福的飲食狀態；當我們步入成年，儘管這些糖果、巧克力時不時會吸引我們，但理智的講，我們已經知道自己不能對這一切過度迷戀，科學營養的膳食才是對自己身體最有幫助的。

　　人們一路從原始走到今天，和一個人從孩提步入成年的過程有著異曲同工之妙，起初人們對於食物的需求意識非常簡單，只要能活下去，只要能填飽肚子就是生命中最幸福的時刻，那時候他們對食物沒有概念也沒有要求，甚至於連有毒食物和無毒食物都分不清楚，之所以之後有了一定的食物辨別能力，那也是經歷了無數血淋淋的教訓而累積出來的經驗財富。食物的不穩定性讓他們急切地渴望能夠找到更為固定的食物來源，讓自己的生活更為安定，能夠不至於因為食物的匱乏而遭遇生命危機。

　　秉持著這樣的需求，人們成為稻穀小麥的「奴隸」，透過自己的智

慧，保留下最為實用的食物種子，開墾天地，嘗試耕種，希望能夠透過自己的努力，擁有更為穩定的食物連結資源，最終經過幾番輪迴的嘗試和失敗，他們終於成功地培育出自己的第一波莊稼，過上了農耕畜牧養殖的生活，有了穩定的食物來源，而此時他們內心對食物的需求概念也在悄無聲息地發生改變。

但由於天時、地利、人和等多方面的原因，並不是每一戶人家都能在用心耕耘之後收穫豐厚的食物回報。食物產出的不均勻導致有些人家產量豐盈，有些人家卻寥寥無幾，為了能夠贏得自己所需的食物，人們開始進行食物用品交換，這也是商業的重要開端，也是人們從原始的食物需求向商業需求轉變的開始。有人善於經營，利用手裡有限的資源在交換市場將自己的生活過得越來越好，而大家看到他生活的改善，便慢慢轉變自己對食物的概念和需求，希望能夠透過經營模式的改變獲得更大的利益。

當人類的經濟慢慢在發展中趨於平穩，人們在食物上漸漸有了結餘，便開始本著贏得更多利潤的需求，大力發展生產，經營商業，將手中的食物進行加工生產，做成各式各樣的商品推向市場。小到餛飩包子鋪，大到食品加工工廠，每個人在自己的食物需求理念中，都不再單單為了滿足自己的胃口，而是希望利用經營食物的方式贏得利潤，從而幫助自己過上更好的生活，做更多自己想做的事情，擁有更多自己要的其他物質財富。

而花錢享受飲食的人，對食物的需求也在不斷提升，他們希望自己能在攝食的過程中吃出品味，吃出文化，吃出高雅，甚至吃出生意，他們對於食物的概念也在發生著改變，由單純的生存轉變成了一種調劑生活的消費品，就此食物的性質在社會的推進下發生改變，從單一的生存需要變成了商品需要，這是人類食物變革中的跨越式進步，而隨之帶來的就是我們自身主食晶片的結構顛覆。

當人們從農業社會進入工業社會，這種食物的利潤需求變現的越來

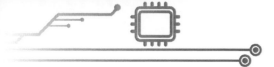

明顯，由於產出量加大，生產加工能力增強，人們對於食物的概念早已經從單一的食品，轉變成了消費的商品。而有商品就有市場，市場的需求促進了商品形式向多元化發展，人們依靠食物產品向市場謀求更高額的利潤，並以各種嶄新的形式對自己的產品進行推廣、銷售，力求讓更多的消費者了解、購買產品，這就是市場行銷模式的開端，隨著行銷理念的更新和推動，人們已經漸漸接受了食物的商業化理念，大家本著自己不同的目的，不同的需求購買食物產品，希望能從中得到自己最想要的東西。

人們天生對新奇事物有著強烈的吸引力，創新意識是引領人們不斷向更美好世界發起衝擊的前進動力。這個世界每天都在因為不同創意而發生改變，同樣食物的性質也在這種創意帶動下，以全新的面貌展現在我們面前，此時食物給人們的概念正在逐步向著更高層次昇華，它不僅僅只是商品，還是一種創意性的作品，它可以被雕琢成各式各樣的形態，富含更為豐富的物質，在滿足大眾的口味需求的同時，滿足他們的視覺需求、文化需求，甚至獵奇需求。當人們將種種的需求綜合化、條理化，就會發現自己的飲食結構也在隨之發生著變化，很多人開始萌生一種想法，如何能在有效的控制成本的同時，享受到對自己更有價值更有意義的美食新體驗。

在此時，成本概念、美食概念、功能概念被一個個地從人們創意式的大腦中誕生了，人們開始對食物新一輪的概念要求，這種新形式下的需求，將給食物帶來更有活力的未來，其內涵之豐富，其功能之精良，其品味之獨特，每一個細節可能都會超出我們的想像，這就是人類不斷走向進步的必經之路，儘管食物形式和概念的推進只不過是內涵於其中的一個成分，但它必然是其中一個重要的組成部分，因為它連線的是人類從本源就難以割捨的生命系統，人們只有在它的變革與馴化的過程中，將自己逐步完善，越變越好。

高效經濟多樣供給，預示飲食結構的新變革

經濟提速，預示著一場新型的供給之戰必將打響，人們理念的革新，隨之而來的就是多樣性的需求與期待，為了滿足消費市場的需要，食品產業必然會加大力度進行品種多樣化生產，以此來滿足不同層次消費者的需求。而在此過程中，新型的飲食理念必將帶動新型的飲食結構變革，人們對於吃飯的概念會發生改變，它會在經濟理念的帶動下越發在意效率，並將功能理念滲透於心。

經濟發展迅速，形成了產品多樣化，人們開始有了更多選擇，特別是面對琳瑯滿目的商品，究竟選擇哪一種，對於很多人來說都存在盲點。

每當人們走進超市，面對食物產品的選擇，一念取捨一般都超不過三秒，也就是說三秒鐘之內，人們就將對自己需要的食物產品做出選擇。於是乎，在這個食物產品紛繁複雜的大世界裡，人們的選擇開始越來越迅捷，他們會針對自己的每一個選擇進行思考，努力從複合型食物連結中逐漸解脫出來，尋找到一種新型的更適應自己需要的飲食結構系統，這場變革必將顛覆我們固有的主食晶片攝食系統，帶給我們與眾不同的全新感受。

一頓飯該怎麼吃？如何吃？人們必將會在多樣性和功能性中做出自己應有的判斷。大千世界無奇不有，肚子裡的胃卻只有一個，怎樣將食物資源進行有效利用，既滿足了口味的享受，又滿足了自身營養的需求，這將是人們不斷探索健康飲食新理念。

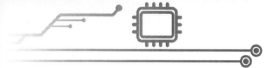

當經濟水準不斷向著更發達的水準衝刺，人們必然會在選擇多樣的食品世界中去粗取精，即便是食物產品繼續延續多樣化的經營模式，為了迎合消費者的口味，廠家也會在食物的品質內涵上進行不斷提升和探索。也就是說，未來若干年後，很可能我們見到的食品，不再是我們當下想像的樣子，它代表著全新的飲食結構，全新的生活理念，全新的主食概念。面對一份食物，我們在頭腦中很可能會出現兩種截然不同的飲食結構，是舊式結構模式？還是功能性結構模式？

屆時，新型多樣化的功能性食品，很可能會在賣場設有專門的賣區，它會根據人們不同的需要，設定不同的購物專區，貨架上依然會琳瑯滿目，只不過主打的核心在於食品的「功能」。全新的攝食方式，全新的品牌概念，與眾不同的加工過程，都將成為它營運於食品市場的一大亮點。

經濟越高效，食物供給的層次也會更高效，人們會對碗中的食物不斷提出要求，這就是為什麼開發食物功能會成為日後食品加工業越來越緊俏的生產專案。例如，從營養角度來說，每個人一天所要攝食的食物有很多種，偏偏有人在口味上對一些食物嗤之以鼻，但依照新時代，人們在健康理念的高層意識，全面吸收營養早已經被納入到自己每一天的合理膳食之中，缺少什麼，自己都是心有不甘的。

那麼，到底該怎麼解決這個問題呢？

假如既要保證營養不流失，又要保證口感美味，還要具備一定的功能效應，這就需要生產廠家在豐富的食材中不斷提煉、加工、馴化，既要讓人們吃的開心，又要讓功能性有所顯露，還要讓大家在概念上覺得自己不是在吃零食，這對於功能性主食而言，挑戰是相當大的，但即便是這樣，本著建立全新飲食結構的理念夢想，人們也絕對不會停下自己飛馳的腳步。

對於當下的很多人來說，吃飯這件事已經不僅僅只是吃飯，更多的還要展現自身的品味，擁有一定自身受益的價值，正如起先人們在對食物進行加工時，主要考慮的是能夠有效促進自身機體吸收和耐受的能力，讓食物營養能夠在身體裡更好地吸收。而飲食結構的延伸，本身就是人們開發自身潛在功能的延伸，人們希望運用飲食的方式讓自己變得更好，不僅僅是吃的心情舒暢，還希望吃完後的若干天都能持久具備充沛的精力和喜悅的心情。

事實上，當下已經有很多人對飲食結構提出了各式各樣的希望，本著需求不同的原則，每個人的心中都有一個與眾不同的功能性主食。而這一切都為功能性主食的未來提供了很好的發展契機，需求越多，產品越是要力求精準、與眾不同，它預示著功能性主食多樣化的發展方向，也意味著它將為食品市場帶來別具特色的新氣象。

從單一性飲食走到多元化飲食，人們之所以能迎來美食產業百花齊放的新局面，源於這個世界整體的經濟實力的迅速提升。供給種類多了，機械化生產更有效率了，人們解放了雙手雙腳，才會有更多的時間將時間和經歷投入到更富有創意的課題開發中，在諸如科技，行銷，創意，設計，廣告，傳媒等強大的載體運作下，人們生活的各個方面都在無形中發生著變化。新型理念破土而出，固有的理念便隨之被替代，一點點的土崩瓦解，人們的思想也在時代的變革中不斷的更新。

時下最流行的一句話是：「我看的不是過程，我要的是結果。」隨著經濟的迅速發展，人們在理想追求上將更偏重於高效，也更看重效果，這種滲透到潛意識裡的需求，會促使很多商業體系，提前採取行動，填補市場空白，激發消費族群更深層次的購買力。

目前人們對於飲食結構領域的希望很多，設想也很多，對未來食物的

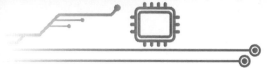

期待更是五花八門，人們開始越來越渴望自己能吃上自己想吃的食物，而這種食物能夠給他們帶來全面的新鮮感和能量感，同時希望自己能夠透過吃飯，迅速達到自己健康需求，提高自身的生活品質。當然其中所包含的內容甚為深廣，除了健康問題以外，還包括情緒調節、容顏不老、個人品味，乃至於生活理念等諸多問題。這一系列的問題都可能在未來世界成為現實。

時代多樣化的供給，強化了人們發散式的思維方式，而這種活躍的創意氛圍，必將為人們的未來帶來更多的驚喜。面對新型的飲食結構，我們不妨放開膽子去暢想。

在這個越來越趨向利益化的時代，食物經過創新運作，將以一種新型的理念面向公眾，而在這一全新面貌的推動下，我們的一日三餐也將會緊跟著發生變化的。

價格與價值的升級，明確主食功能性的目標

　　如今但凡是貨架上擺的商品，都會明顯標註價格。任何商品，有了標籤才說明在人們心裡存在一定的價值。同樣，食品在這個商業化的社會，流通的方式也是如此，而一份食物到底具有多高的價值，應該評定在一個怎樣的價格，每個人的心裡都有一把尺子。當功能性主食打進市場，帶動的是價格與價值升級，其食物中內涵的科技成分，必將顛覆人們原有的攝食理念，而這一切都將是功能性主食明確的前進動力和晉級目標。

　　眾所周知，任何產品的價格都是以價值來定義的，而價值始終都圍繞著人們在這一時代中的需求發生改變。由此我們不難判斷，在時代前進的過程中，產品的價格和價值也在進行著不斷的調整和升級，越是能夠滿足大眾需求，幫助大家解決實際問題的產品，越是能夠受到消費族群的追捧，不管這種產品是生活用品、辦公用品，還是僅僅我們三餐碗裡的那頓飯。

　　翻閱歷史，過去人們對於食物價格、價值的概念，都是以實物為標準的，菜就是菜，肉就是肉，糧食就是糧食，之所以有價格的浮動，是因為市場上的某一類物品發生了緊缺狀況，正所謂物以稀為貴，因為別人手裡沒有，自己手裡的有限，而這有限的資源又是大家都想要都需要的，所以價格自然就有所提高了。此時，食物的價格與價值，就在原有基礎上出現了升級，人們在消費水準上也拉開了層次，眼前原本沒有價值概念的食物，在人們無形的經濟調控之下，有了價格的槓桿。而此時的人們，也在

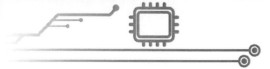

這樣微妙的商品經濟調控下，對眼前的物品有了高低貴賤的概念，知道自己只能買到力所能及的哪一類用品和食物。這就是食物價格與價值升級的第一個開端。

當人們的經濟水準達到一定的高度，為了更好地迎合自己的口味，也為了更好的順應市場的需求，人們開始對手中的食物進行馴化和加工，但有加工就會有成本，當人們把食材經過進一步的加工變得更有味道時，這種加工出來的產品，相比於本源食物產品必然會在價格上有所升級。起初人們對於食物加工的探索，所產出的成品，價格昂貴，例如，當時豆皮的發明者，是先將豆子研磨，烹煮成濃濃的豆漿，只取浮萍漣漪出來的那一層薄薄的皮為原料，進行再次加工烹製，做出一道道美味佳餚。這個過程不可否認，食物不論從營養價值，還是生產價值，成本都在提高，而其所展現的價格自然也會呈現上升趨勢。

進入了工業時代後，人們發現食品加工越來越趨向於機械工業化，整個食品的生產成本沒有增加反倒降低了。快速的加工生產帶動了手工勞作，是人們身體的功能的延伸，在大量生產的同時，有效提高了效率，不但可以滿足更多消費者的需求，還可以做到以低成本養活更多的人。這個時候，市場經濟調控開始在食品經濟中發揮作用，大量商品的湧入，迫使消費者不得不針對食品的價值和價格做出自己應做的選擇。此時的商品價值展現在自己需要的程度，自己能從中受益多少，自己的付出與回報是不是真的成正比等等。假如這時候食物產品的價格能與消費者心中的價值相等，那麼它會順利的納入市場需求的主流，如果相反，那就很可能面臨淘汰出局的命運。而此時食物的價格與價值，又面臨著新一輪的革命，人們在自己的食物產品選擇上，一次次訂立新的目標，有了更為高層次的選擇和需求，這也導致食物產品在價值與價格方面不斷做出調整。

隨著時代的進步，人們對於飲食品質的要求也在不斷升級，從單一的口感、營養、用料上升到簡潔、效率、功能的層次，要想更好的實現這一層次的需求，就必然會採用更為高精尖的科學技術，形成智慧化、精細化的產品加工產業連結，將食材不斷提煉、濃縮、馴化，直至達到具備一定功能性的標準。不容置疑，在這一生產過程中，起初的功能性食物產品，不論是從價值、品質，還是從價格上，都比一般食物產品要高很多的，有些甚至可能瞬間高出十倍甚至幾十倍。但隨著生產技術的進步，尖端科技適應了產品機械化生產，產品成本必然會隨著技術的普及而做出調整，當成本隨著技術的提升而降低下來，功能性飲食也就更容易普及到平常百姓家，它的定位將不再高階，而是一種普及常見的大眾產品。

同時，為了更好的順應大眾消費者心理價位的尋求，其價格內容和成本內容也會隨之做出調整和完善，力求既能做到消費者滿意，又能保證產品品質，同時還能為生產廠家創造更高的收益利潤。而此時產品價格與價值的調控，也必然會升級到一個嶄新的層次。

我們都知道，一件商品到底有沒有價值，是依照一個人對這件產品的需求慾望而定的。價格與價值定義在人們的心理需求，正如曾經有一位業務員將一把斧頭以比同類產品高出幾倍的價格賣給了當時的美國總統小布希，其成功的主要原因就在於他很好的掌握了人們對於物質商品的消費心理活動。而功能性飲食時代也是如此，它的價值展現，在於是否能夠迎合當時消費者內心的消費需求，是否在他們關注的效率、功能性等方面發揮到位的效果和作用，此時的消費者會對眼前的食物進行自己的價值估位和判斷，在明確自己購買目標的同時，賦予眼前的食品最有建設意義的選擇定位和價格定位。而這些數據的生成，無疑將是食品經濟中，新一輪的價格、價值升級，引領著時代新的目標，向未來不斷探索邁進。

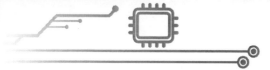

永恆的主食晉級目標：
健康

　　食物對於人類而言，它從生長到成熟，頭等大事就是為了人類的生存和健康服務的，經濟條件越好，人們越注重健康，每個人都希望自己擁有一個充滿健康活力的身體，能夠帶著積極的心態去做更多自己想做的事情，因此，健康在食物產業鏈中，將是一個永恆的晉級目標。這一現象在功能性主食時代，將會尤為明顯，因為它的產生本來就是為了人體大健康服務的。

　　如今人們都很崇尚健康的生活，可什麼是真正的健康，很多人心裡都沒有一個百分之百正確的概念，隨著時代的推進，人們對於健康的理念在不斷發生變化，各大媒體也在對影響大眾的健康知識進行不斷更新，但即便是這樣，人們對什麼是健康還是存在盲點，每個人都想擁有健康，但卻不知道怎樣才能贏得真正的健康。

　　世界衛生組織提出了健康的四大基石：合理膳食、適量運動、戒菸限酒、心理平衡。而從古中醫角度而言，人體真正的健康狀態，無異於吃的下、睡得著、排得出。由此可見，不論是過去還是現在，合理的飲食都是人類獲得健康的重要環節。如何讓自己吃好吃對，吃得合理，吃得營養，是人們在食物領域永恆不變的探索方向。

　　針對健康這個話題，不同年齡段有不同年齡段的需求，例如，人處於兒童時期，身體處於生長發育階段，這個時候最需要的是補充鈣質，以及

鋅鐵硒等微量元素，促進骨骼發育及大腦發育，因此這個時候所要搭配的健康飲食結構，應該更偏向於這一方面。而成年人工作壓力大，能維持他們保持身體健康狀態的，更偏向於膳食纖維，維他命 B 群，以及能給他們帶來情緒調節的促進大腦多巴胺，內啡肽形成的食材元素，這些食物的調節有利於他們在生活工作中保持身心平衡，能夠積極樂觀的應對挑戰。而到了老年，因為人體機能減退，精血氣不足，他們的食物搭配則偏向於補充元氣，抑制延緩細胞衰老的食材元素，倘若此時一切打亂，不尊崇生命的客觀規律，那麼對於維繫健康飲食來說，絕對是有難度的。

如今市面上有各式各樣的飲食保健營養品，適應於不同的人群，不同的年齡階段，不可否認這是人類在飲食生活中的一大進步，大家開始知道針對自己年齡段的特點，選擇最適合自己的飲食搭配，努力讓自己變得更健康、更有活力。這類產品能夠受到大家的追捧，除了廣告宣傳到位以外，最核心的一點是他們抓住了消費者的一個關鍵性的消費心理，那就是：「儘管我對營養健康知識並不專業，但是我希望藉助專業的營養配方達到自己滿意的健康狀態。」而這一理念也將為今後的功能性主食提供新的發展思路。

正所謂三百六十行，行行出狀元。我們來到這個世界上，領受不同的天命，從事不同的職業，儘管他們不是專業的營養師，也不具備多麼高深的醫學養生理論，但在每個人的心裡都在渴望著一個健康的身體，這就是成就消費利益最大化的核心源泉。當人們的經濟水準提高，首先想到的就是能夠透過對消費的投入，讓自己的身體保持在健康狀態。越是進步的國家，人們越是對自己的身心健康加大投入，同時也越是希望以最方便的投入方式獲得健康的最大收益。

就目前的社會況來說，當下面臨的健康難題主要分為幾個方面：一個

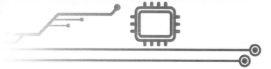

是慢性病發展趨勢擴大，第二個是漸漸步入老齡化社會，第三個就是年輕人迫於工作壓力和生活壓力，亞健康狀態開始越來越嚴重。

　　面對來自上面三個方面的嚴峻考驗，人們首先想到的調整方法就是飲食，可就飲食方面而言，一是自己知識儲備量不足，二是不願意投入太多的時間成本。在這種情況下，要想實現他們的健康飲食需求，廠家首先要做的就是針對他們的問題訂立最適合的主食配方，再透過配方研發產品，生產出滿足大眾不同需求的功能性主食，以此來更好的為他們的飲食健康需求服務。這是一個飲食由單純的美食概念向健康概念晉級的過程，而隨之所衍生出的產品，將在人類大健康建設上發揮積極作用。

　　現在很多人因為工作忙忽略了飲食問題，也有一些人因為一味的追求食物的口感而忘記了健康的重要，還有一些人對如何攝食營養的知識有所了解，卻出於各種原因無法按照要求實行，導致這一切問題的直接原因就在於，人們渴望擁有健康，卻不願意在健康上投入太多的時間成本，假如有一種食品能將身體健康狀態和成本有機的結合在一起，那麼必將會迎來不錯的銷售市場，說不定還會引領出一個嶄新的大眾飲食概念。

　　適應這個時代的健康理念，包含的範圍很深很廣，一碗飯的內涵，除了食物成本還有時間成本、效率成本、功能成本，只有讓這碗飯在滿足健康需求的同時，又能很好的調節以上諸多的成本需求，才算實現了人們對健康飲食的需要。

　　要想達到這個目標，人們就必須將自己碗中的食物不斷的進行馴化升級，開發它的功能，最大化的為自己的需要服務，為自己思維意識中最划算的健康生活狀態服務。他們希望自己碗中的主食，融會了最為高階的營養學理念，融會了最富有科技含量的精華物質，讓自己不用花費過多的經濟成本和時間成本就能達到擁有健康的身體。這是當下大多數人追求的健

康生活循環系統，他們希望在這樣美好的生活系統和飲食結構下，能為自己和這個世界創造更多的利潤價值，因此在飲食方面，如何有效的開啟它更強大的功能將會成為日後科學研究者主要研究開發的方向。

不同時代有不同時代的健康理念，在食物的世界裡，沒有權威也沒有專家，它或許只是人們在經驗生活和順應時代發展的過程中，針對自己的需要，不斷的利用所學的知識和技術，對自己意識中的健康狀態進行改良創造的過程。但不管怎樣，隨著科學的不斷前進，健康意識將不斷以全新的思想理念根植在每個人的心裡，而這也將成為未來功能性食物不斷晉級的強大動力和永恆目標。

第三篇

主食系統的推進

──時代共享，高規格主食裡蘊含的高科技

　　人類對食物的加工過程，無非是自己身體的各項機能延伸，例如，將食物榨汁是胃部消化系統的延伸，粉碎是我們牙齒咀嚼功能的延伸，隨著高新技術的不斷邁進，這個時代將給我們帶來更多超乎想像的新理念和新發現。科技水準越高，帶動人們的生產力水準也會不斷提高，而隨之改變的就是我們每個人的生活。人們的生活條件好了，碗中餐的規格自然也會高起來，而在高科技加工馴化的影響下，我們所見到的食物很可能會以全新的面貌出現在我們眼前。而當它以一種資源的形式，成為時代共享的一部分時，我們的人生又將因為它的演變發生怎樣的變化呢？

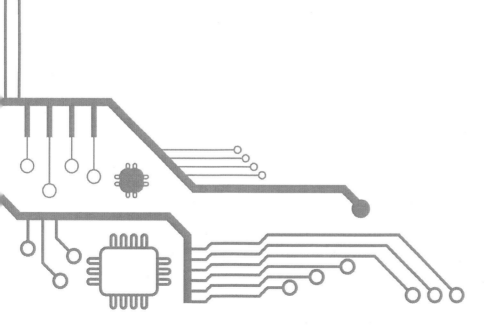

第七章

人體功能的延伸，低成本高效率的飲食方式

　　人體是一個連結宇宙天地的豐饒寶庫，組成宇宙天地的每一個元素，在人體的內源世界中都可以找到。人體既然與天地相應，必然就與世間的一切生靈相應，其中連結最縝密的莫過於我們碗中每天都能看到的三餐之食了。為了能夠讓自己身體越來越健康，生活質量越來越高，人們對食物的要求一定會上升到一個全新的維次，如何能夠以最低的成本，贏得最高效的利益收益，將成為日後飲食結構模式所要攻克的重要環節。在這個過程中，食物的馴化加工將成為大家關注的焦點，如何能夠有效地將食物營養加以利用，如何真正開啟食物的功能大門，一個個核心環節，對人們生命的明天都很有建設意義。

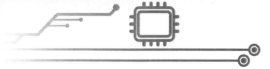

粉碎、研磨技術讓牙齒獲得了解放

從人類發明第一個工具的那天起，它就已經成為人體某項功能的延伸，而某項技術的發展，也必將促進其向更有效率的方向昇華，就拿粉碎研磨技術來說，它就是一種有助於我們人類牙齒解放的發明創造，它讓我們的消化變得越來越簡單，攝食越來越精良，自然也就更容易達到健康的目標了。

當人們掌握了一定的農業生產技術，新的問題就會一個又一個的出現在他們面前，種出來的稻米、穀殼怎麼去掉？怎樣才能更方便自己下嚥，怎樣能夠讓身體從中吸收到更多營養？怎樣吃才算是最科學最有效率的飲食方式，這一系列的問題，每分每秒都在激發著人類的創造和靈感，使他們最終創造了神奇的食物加工工具，擁有了更為優質的生活狀態。

就拿我們都熟悉的石磨來說吧！磨，最初叫做硙，漢代才叫做磨。從新石器時代，到殷商時期，人們對穀物的加工都處於原始狀態。想吃上精細一點的糧食，就只能使用碾盤、碾棒、杵臼等對穀物進行粗加工，難以提供大量去殼淨米。到了周朝，硙出現了，它開啟了穀物加工的新篇章，成為世界食品加工史上的一次騰飛。它徹底改變了人們的飲食狀態，大家透過它對穀物的加工，晚中餐變得更加精細，身體也變得更加健康。

傳說石磨是當年的發明家始祖魯班爺創造，他可以說是中國古代第一位優秀的創造發明家。因為生在春秋戰國時期，所以父母給他起名公輸般，因為他是魯國人，所以大家就改名教他魯班。據說現在木工用的鋸

子，曲尺等用具都是他發明的。他在世的時候，非常愛開動腦筋，解決了不少老百姓生活中的難題。

魯班的時代，人們要吃米粉、麥粉，都是要把穀物放在石臼用石棍使勁的搗碎，加工好半天才能得到那麼一點點。魯班覺得這樣的方法實在是太費力了，而且搗出來的東西也不均勻，於是他決定找一種用力少收穫大的好方法，能夠用他替代那些笨拙的加工工具，能夠讓食物入口的時候更加細膩，更容易消化。

於是他用兩塊有一定厚度的扁圓柱形的石頭製成磨扇。下扇中間裝有一個短的立軸，用鐵製成，上扇中間有一個相應的空套，兩扇相合以後，下扇固定，上扇可以繞著軸轉動。兩扇相對的一面，留有一個空膛，叫磨膛，膛的外周製成一起一伏的磨齒。上扇有磨眼，磨面的時候，穀物透過磨眼流入磨膛，均勻地分布在四周，被磨成粉末，從夾縫中流到磨盤上，過羅篩去麩皮等就得到麵粉。

這項發明一問世，可謂是大快人心，人們再也不用因為想吃一點點米粉而如此費力地工作，即便到了今天，很多農村人依然在用這種工具磨麵粉，問及原因他們的回答是：「總覺得用這種方法研磨出來的東西，吃著更香更甜。」

1968 年，在河北省保定市滿城漢墓中，出土了一架距今約 2100 年的石磨，是一個石磨和銅漏鬥組成的銅、石複合磨。這是中國迄今所發現的最早的石磨實物。也就是說，在 2000 多年前，我們的祖先就已經在粉碎研磨加工技術上創造出了輝煌的技術文明。

隨著時代的推進，很多人家裡都購置了先進的食材加工電器，比如，自制豆漿機、食物攪拌機、榨汁機等，這些高科技產品，在相當程度上降低了我們在廚房裡忙碌的時間，提高了我們的生活效率，同時也能幫助我

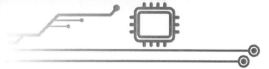

們在飲食方面吸收到更全面更精細的營養成分。為了衝破時間和空間的界限，如今的食品加工器械開始與我們如影相隨。例如，現在市面上已經出品了一些榨汁機一樣的飲料杯，它小巧方便，只要是買上一顆水果，切好放進杯裡，經過一分多鐘的處理，你就可以隨時享受到一杯口感酸甜的鮮榨果汁。

粉碎研磨的食品加工工具之所以那麼受人青睞，主要原因是它有效的緩解了我們牙齒咀嚼的壓力，讓我們在進食之前，提前對食物進行精細加工處理，這樣再送進嘴裡的時候，我們在運用自身的咀嚼功能就會更輕鬆更容易。當然這種技術還可以延伸到醫療大健康的層次，面向一些有更高需求的患者，由於各方面的原因，他們在吃飯的過程中很難透過咀嚼功能對食物進行加工處理，而這個時候，具有粉碎研磨功能的食物加工工具無疑對他們是一個福音，它們此時的角色就相當於患者的牙齒，為他們將食物提前進行研磨、粉碎，這樣他們再進食的時候就省去了無法下嚥的煩惱。

我的一個朋友的老母親沒牙，很多東西都吃不了，又因為身患重病而住進醫院，醫生經過診斷，說老人現在狀態有些營養不良，需要多補充營養，無奈之下他買了一台食物粉碎鮮榨機，每天把豆類、肉類等各種營養物質打成粉末，再放入熱鍋中燉煮帶給老母親吃，時間一長，確實看到了效果，以前有氣無力的老人，終於可以時不時睜開眼睛，跟兒子說上幾句話了。

這就是科技帶給人們的福祉。當時代不斷向前邁進，一定還會衍生出更為新型的粉碎研磨技術。大千世界，沒有什麼不可能，在這個科技高速發展、人才輩出的時代，指不定哪一天就會有更高超的食品加工技術，它的效率和加工的先程式度，甚至可以瞬間超越當下的粉碎研磨加工工具的，讓我們拭目以待吧。

中醫藥的源頭，食物提煉萃取技術

　　中醫講求：「治未病用食療」，在中醫的醫典裡，所謂的藥大多都是食物，這也正應了那句「藥食同源」的老理。食物之所以稱為藥，過程在於對其功能進行進一步的提煉和加工，所謂製藥，制的過程就是一個對食物加工的過程。從這一點我們可以看出，中國古中醫的製藥過程，在這個嶄新的時代，經過理念的革新，完全可以變更到一個全新的飲食結構層次，它所引領的全新理念，將會把我們帶到一個更健康、更幸福的美好新時代。

　　如今很多中醫愛好者都知曉「藥食同源」的道理，唐朝時期的《黃帝內經太素》一書中寫道：「空腹食之為食物，患者食之為藥物」，其內容反應的就是「藥食同源」的思想。翻開中醫藥典，裡面光記錄在案的就有上百種，每一味從廣義上來說都是食物，吃到身體裡各走各的經，各有各的特性，之所以最後能入藥，主要還是源於最終製藥的萃取技術，一味藥，用多少克，取多少藥，用什麼樣的製作方法，那流程跟做飯的流程真的有異曲同工之妙。

　　所以三國時期的嵇康在《養生論》中這樣寫道：「故神農日：『上藥養命，中藥養性』者，誠知性命之理，因輔養以通也。」中國人喜歡以食養命，所謂的上藥就是我們碗裡要吃的食物。想養好自己的命，就得先調理好自己的心性，古中醫講，情乃萬病之源，各式各樣的疾病都是基於一個情緒的波動而引起的，那麼想要降服疾病，根源就是要先降服自己的心性，這就是中藥要乾的事情。

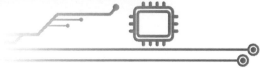

　　其實人說到底，最難降服的就是自己的情緒，正因為如此，想讓身體長時間處於一種平衡狀態，就需要一些藥物的介入，先把身體的狀態調整好，狀態好了自然情志也會跟著有所改變，身心合一，靈魂與身體和解了，病自然也就沒有了。

　　前面我們講過，人體與天地是一個宇宙整體，天地的執行，四季的輪轉，在人的身體上都有著很真實的展現，所以在這個世間才會有那麼多草藥食材與我們的人身體相對應，能夠讓我們在食用它們的過程中，身體得到滋養，根除疾患，保持好自己周天內循環的平衡，即便是在經歷了一番情緒的陰晴圓缺後，也不至於因為身體受到傷害而無藥可醫，飽受病痛或是死亡的摧殘。

　　我們小時候生病，父母免不了要帶著我們去看中醫，那時候大夫開了藥方，回來以後家長就會準備一個大砂鍋，開始將藥材進行煎煮，先將藥物進行侵泡，然後熬了又熬，最後煮出一碗黑乎乎的東西逼著我們服下，而這就是中藥最原始的濃縮技術。

　　經過一系列的觀察和實驗，古人發現這種老舊的濃縮方法對中藥材而言，其實是一種極大的浪費，很多藥性並沒有發揮出來，就已經被我們當作藥渣子給倒掉了。於是他們開動腦筋，下工夫對藥材進行進一步的精華提煉，其中最有名的一支就是道教中的煉丹術。

　　古時候人們傳說中的長生不老法，無外乎只有三種，王母娘娘的蟠桃、太上老君的仙丹、西天取經的唐僧肉。其中家家戶戶意念中的太上老君，永遠是拿著煉丹的葫蘆，坐在丹爐旁靜心打坐的樣子。古代的黃帝為了能夠長生不老，大多都花費大量的金銀安排人為自己練就丹藥，有些丹藥確實造成了一定防病養身的效果，而有些則要了皇帝們的命。最典型的就是秦始皇了，專家推斷他的死很可能是因為其所服用的丹藥中的重金屬

超標而引起的食物中毒。

　　就現代科技而言，相比於古人，都有哪些前沿的科技萃取技術呢？中藥的化學成分十分複雜，既含有多種有效成分，又有無效成分，也包含有毒成分。提取其有效成分並進一步加以分離、純化，得到有效單體是中藥研究領域中的一項重要內容。

　　注射用薏苡仁油是國家新藥「康萊特注射液」的原料藥，原工藝採用有機溶劑提取，得率低、純度低，每年還要消耗數百噸的丙酮、石油醚，需要上萬噸的石油能源支持，對環境有一定汙染。

　　透過長時間的專項課題研究，人們找到了提取其精華成分的有效方法，超臨界流體萃取法。這是世界範圍內近 30 年來最為新興的研究熱點，其主要原理是指一種氣體，當其溫度和壓力均超過其相應臨界點值時形成流體狀態，稱超臨界流體，它的密度接近於液體的密度，具有較高萃取分離能力，從而能達到提取分離有效成分的目的。在當下能源緊迫，環境汙染問題日益嚴峻的當下，這項技術在醫藥、食品等領域具有很廣闊的實戰空間。很多最為精華的元素透過這樣的高階萃取技術，被逐項提取出來，這很可能是我們花費大量金錢和時間，購買大量藥材，用原始萃取方法所無法達到的。

　　當然這樣的中藥萃取技術，也不一定僅僅只適用於藥品的萃取，在不久的將來，它很可能會直接普及到功能性主食的製作工藝當中，各種食材的精華，經過高科技的萃取技術，被逐一的提取加工，成為擺在我們面前奇特的新型主食形式。

　　隨著世界經濟實力的增長，人類有理由為自己身體的健康做出更高昂也更正確的投入，他們對事物的功效的要求會越來越高，對時間效率也會越來越關注，而功能性主食為了適應大眾需求，為了能夠拓寬自己的市

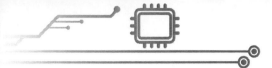

場，也必然會在這方面不斷做出改進和調整。

　　儘管我們不能保證這種主食晶片中的新型飲食結構能夠徹底代替藥品根治我們的疾病，但至少它的食物精華成分一定可以很好的改善我們的健康，沒錯，至少要比現在舊版的飲食結構更貼近健康，也更貼近我們最渴望實現的內在需求。

保質技術，大幅度提高軍隊戰鬥力

對於軍隊而言，常年野戰在外，最重要的一個環節就是糧草問題，再健壯的士兵，幾天不吃飯在作戰上也就沒了心勁。可是這麼多的食物，一旦過了期，情況就會更糟糕的。因此，對於軍用食物而言，如何最大限度的延長保固期，將會成為提高軍隊戰鬥力的重要環節。兩軍交戰，拼的不光是膽識，還有耐力，而牢靠的食物是耐力的基礎，如何打牢這份基礎，憑藉的就是人類豐富的智慧和技術了。

有點常識的人都知道，食物買回家一定要抓緊時間吃，否則很容易變質，變質的食物中所含有的黴菌，吃到肚子裡很容易拉肚子，更有甚者還可能誘發癌症這樣的可怕疾病。那麼究竟有什麼方法能夠有效的抑制食物腐爛，並延長它的保固期呢？這一點不單單是我們老百姓渴望實現，對於提高軍隊糧草核心戰鬥力來說，也是相當重要的一部分。因為戰事一開，誰也不知道自己會在戰場上呆多長時間。

1790 年，法國軍隊在拿破崙率領下遠離他鄉與他國作戰，因為戰線太長，所以手裡的糧食還沒送到前線就已經變質了。為此，法國軍隊成立以 J.-L. 蓋—呂薩克等科學家為委員的軍用食品研究委員會，專門針對軍用食品的保質問題，進行立項研究。1810 年，法國 N. 阿培爾發明了食品罐藏法，這對於早期軍用食品的研究是一個非常偉大的重要成果。

此後的 100 多年裡，食品科學、營養學的發展，維他命的發現，為軍用食品研究奠定了更為堅實的理論基礎。直到第二次世界大戰期間，美軍

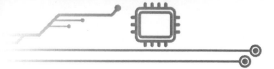

在軍用食品方面走上了系列化的軌跡，他們會根據作戰環境不同，來系統的進行通用、特種和救生食品的研究，根據供給人數的不同進行單兵和集體食品的研究。

直到 1941-1945 年，美軍已經研製出了 23 種軍用食品，其中著名的有供應急用的 D 口糧塊、C 口糧和供傘兵和坦克兵使用的 K 口糧。而當下各國的軍用食品也在進行著不斷的研究和改良，希望能夠在延長保固期的同時，為戰士們提供最營養、最健康也最能儲存作戰實力的軍用口糧。

如何能夠更有效地提高食品的保質功能呢？從科學角度而言，食品在物理、生物化學和有害微生物等因素的作用下，很可能會失去固有色、香、味、形，最終出現腐爛變質的現象，此時有害微生物的出現和作用是導致食品腐爛變質罪魁禍首。從生物角度來說，人們把蛋白質的變質稱為腐敗，將碳水化合物的變質稱之為發酵，將脂類的變質稱之為酸敗。但這一切都是可以透過物理方法和化學方法加以解決的。

例如，我們可以透過物理方法，對食物進行低溫冷藏，或加熱另起風乾，或是輻射等物理方法，有效的達到了殺菌、抑菌的作用。在化學方法上利用的就是化學藥劑，也就是我們通常概念中的防腐劑。但隨著大家健康意識的增強，人們對那些新增了防腐劑的食品越來越擔心，所以大家都極力渴望發現一種對人體更為安全，無毒無害的食物保質產品。於是人們繼續不斷研究，發現了一種可以利用生物本身進行生物代謝，具有抗菌作用的天然物質的新型防腐劑，這種防腐劑有效的提高了食品的安全性，它是純粹意義上的生物防腐劑，目前開發應用最為成功的一支名為乳酸鏈球菌素。

乳酸鏈球菌產生的一種多肽物質，由 34 個氨基酸殘基組成，由於乳酸鏈球菌素可抑制大多數革蘭氏陽性細菌，並對芽孢桿菌的孢子有很強烈

的抑製做用，食用後在人體的生理 pH 條件和 α- 胰凝乳蛋白酶作用下可以很快水解成氨基酸，對人體腸道內正常菌群以及產生如其他抗菌素不會造成任何影響，更不會與其他抗菌素出現交叉抗性。是現在對人類最安全的食品防腐劑。

假如有一天我們手中的食物買下來就不會擔心短期內會出現變質問題，而且防腐物質也能做到全面安全化，那麼生活將會發生怎樣的改變呢？這種改變首當其衝最實用於軍用食品，在戰場上誰的食品保固期長，就意味著誰能夠在保持戰士體力的同時，為爭取最後的勝利傳遞力量，創造時間。

展望未來，或許在不久以後，我們的科技研發就能很好的解決食物變質的問題，我們所購買的食物，加上一些類似純生物製作成的粉末，或者僅僅只需像清洗碗碟那樣，用它對我們所攝食的食物進行清洗活浸泡，幾分鐘後這些食物就可以保質很長時間，甚至幾個月都不會出現腐爛的現象，這種先進的技術產品不僅僅會運用到軍事航太領域，還很可能走進我們的千家萬戶。相信這個夢想在不久的將來就會實現的！

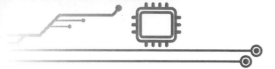

發酵，調味技術讓老樹開新花

　　論及中國發酵的技術，那絕對可以算得上歷史悠久。人們運用這項技術，將自己的生活變得更加豐富多彩，也因此創造了絢爛的飲食文化。這項技術在高新科技的演變下，變得越來越富有神奇魔力，它讓我們的調味品更加安全，更富有新鮮的時代感，也帶給我們更美好的飲食憧憬和更高層次的生活享受。

　　說到發酵技術，恐怕很多朋友都不會陌生，這種對食物的馴化技術，具有悠久的歷史，夏商時代，人們已經懂得如何用發酵技術來釀酒，周朝的時候，人們已經學會瞭如何用發酵的方法來製作醬料。到了漢末，人們已經知道如何將發酵的技術應用到麵食製作上。

　　在北魏時期，賈思勰的《齊民要術》中清楚的記載了「作餅酵法」的麵食發酵製作工藝。書中云：「酸漿一斗，煎取七升。用硬米一升著漿，遲下火，如做粥。六月時，溲一石面，著二升；冬時，著四升作。」在那個距今已經很遙遠的時代，人們就已經可以利用易於發酵的米湯作引子來發麵了。作者不僅細緻的記錄了酸漿的方法，還說明瞭不同季節不同的用量。由此可以看出，我們先人在飲食方面具有博大精深的造詣和才華。

　　那麼中華傳統發酵食品的發展是怎樣的呢？可以說，中華傳統的發酵食品可謂歷史悠久，種類多樣，其中比較常見的發酵食品有，發酵乳製品，豆製品，肉製品等。而且，中華傳統食品發酵體系通常都是由一種、或是多種的微生物所構成的，一份食材，所處的微生態環境，所產生的微

生物種類，都直接關係這發酵製品的氣味和品質，這些內容彼此之間互相關聯互相影響，每一個細節都顯得尤為重要。

發酵食品在食品加工過程中因為有微生物或酶的參與而形成一類特殊食品。特異性營養因子有提供小腸黏膜能源的谷氨醯胺，供結腸黏膜能源物質的短鏈脂肪酸，以及亞油酸、精氨酸等，可以有效的促進人體腸道蠕動，在胃腸道形成保護膜，更好的呵護我們人體健康。

目前，發酵工程已經廣泛的被大眾接受和了解其所涉及的產品，也已經大量投放在市場生產的應用中，特別是在食品領域，更是綻放出了流光溢彩的活力，整個發酵的過程所運用的科學技術也越來越先進，透過對微生物特徵的相關研究分析，發酵技術正在為人們的日常生活和生產作出卓越的貢獻。

發酵工程又叫微生物工程，是指傳統的發酵技術與 DNA 重組，細胞融合，分子修飾和改造等技術，結合併發展起來的現代發酵技術。這種技術不但可以改變食物的口味，同時可以有效的提升食物的營養價值成分，將食物內在結構，菌群，內在分子進行重組最終讓食材在馴化的過程中實現老樹開新花的神奇健康效果。

其實，發酵工程在食品加工上偉大成功，已經悄無聲息的來到了我們的生活，下面就讓我們一起來看這些具有強大功能性的酵素產品吧。

第一種，人工合成的色素和香精

在人工合成色素香精領域，單純的從植物中萃取食品新增劑，所要付出的成本是相當高昂的，而且即便是願意加大投入，材料來源也是非常有限的。於是很多商家在選擇上就開始漸漸偏向化學合成法生產出來的食品新增劑，可是，雖然成本降低了，卻對人的身體健康帶來了危害。面對這樣的問題，又該採取怎樣的解決方式呢？

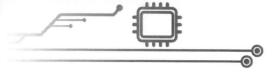

如今生物技術，尤其是發酵工程技術已經漸漸成為食品新增劑生產的首選方法。目前，利用微生物技術發酵生產的食品新增劑主要包括維他命、甜味劑、增香劑和色素等各個方面的產品。在發酵工程運作下生產出的天然色素、天然新型香味劑，正在一點點取代人工合成的色素香精產品，這也是很多生物科學研究專案，當下決定長期致力的食品新增劑研究方向。

第二種，紅曲色素

紅曲色素是目前為止市面上最為廉價的純天然食用色素，它是以稻米為主要原料，利用紅曲黴進行發酵產生的紅曲色素，這種色素運用在食品中無毒無害，非常健康。目前某生物產業公司已經科技將紅曲的液態發酵和固態發酵有機的結合在一起，生產出的紅曲色素色價可達到 6000u/g。這不得不說是我們天然色素加工產業中的一次跨越式進步。

第三種，蝦青素

蝦青素是類胡蘿蔔素的一種，是一種較強的天然抗氧化劑。與其他類胡蘿蔔素一樣，蝦青素是一種脂溶性及水溶性的色素，這種色素蝦、蟹、鮭魚、藻類等海洋生物身上都能找到，故名蝦青素，因為它抗氧化能力強，為維他命 E 的 550 倍、β- 胡蘿蔔素的 10 倍，所以常常以保健品的形式與大家見面。

目前生物科技已經能從紅髮夫酵母發酵後分離、提取製得。它具有很強的抗氧化效能，具有抑制腫瘤，增強免疫力的保健功能。

第四種，味精

味精是我們老百姓餐桌上絕對不能缺少的調味料，它的提鮮功能至今沒有任何佐料能夠取代，而當下的生物科技，可以使用雙酶法糖化發酵工

藝取代傳統的酸法水解工藝，這樣可以在原料利用率上提高百分之十，而且食用更安全健康，目前已經廣泛的運用在了味精生產商。

第五種，氨基酸生產

過去的氨基酸生產都是採用動植物蛋白質提取和化學合成法生產，當下的基因工程和細胞融合技術，可以經過有效的技術功能處理，將技術生成的「工程黴」進行有機發酵，這樣一來，氨基酸的生產成本壓力就大幅度得到緩解，不但產量成倍增加，而且還減少了汙染，成為確確實實的環保產品。

第六種，調味品的純種和複合菌種發酵

目前，日本已經開始利用純種的麴黴發酵技術進行醬油的釀造，作為原料的蛋白質利用率可以說高達 85%。而中國的生物公司研發的複合曲種，也早已經應用到了醬油、醋類、黃酒類等食品的發酵生產中，這一曲種發酵技術大大提高的原材料的利用率，同時也縮短了發酵的週期，對改良產品的風味和品質有著非常顯著的成效。

時代在不斷的向前推進，當年的發酵作坊，如今已經形成系統的產業，甚至已經成為微生物工程下一個個具有里程碑意義的科學研究專案，相信在未來的時間裡，科技對食物的馴化發展將會給我們帶來更多的驚喜，能讓我們在品嘗到更健康更純正的食物的同時，身心煥發出有激情的活力和能量，當身體再也不必遭受有害物質的侵襲，一切的食品新增劑，都在科學技術的高效處理下變成了綠色生態的環保食材，而到那個時候，相信我們的生命和生活品質也會隨著科技的前進而不斷的提高，不斷的優化的。

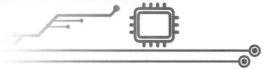

層層遞進，美好的功能性主食時代

　　尋味人類發展的歷程，我們的內在需求隨著生活條件的遞進而不斷昇華，我們需要尋找到能夠讓我們擁有更好生活的一切，其中也包括碗中的食物，慾望讓我們的需求膨脹。為了更好的解決問題，人類踏上了一條不斷探索革新的道路。當功能性主食逐漸被大眾接受和關注，它的發展也必然會呈現層層遞進的狀態，我們渴望擁有一個更美好的食物時代，它來源於我們對高維次生活的渴望，也因此改變了我們固有的思想。

　　在食物貧乏的時期，我們面對碗中飯的時候，腦袋裡第一個問題反映的是：「這頓飯我能不能吃飽？」如今我們再面對碗中飯的時候，腦袋裡反應的則是另一個問題：「我能從這碗飯中得到什麼？」可千萬不要小看了這一細節的變化，他可以說是我們思想的一個重要轉變，是我們從簡單的基礎性飲食向高標準功能性飲食轉變的過程。

　　隨著人們效率意識和收益意識的提高，在膳食方面，人類必然會迎來一個嶄新的時代，即，人們會越來越在意食物的功能，更崇尚其內涵的效率和作用，能夠立竿見影的讓大家在吃飯的過程中看到它所承諾的效果，這無疑對很多人來說都富有吸引力，因為我們渴望改善自身的地方實在太多，需求也太多，假如真的有這麼一種針對自己的問題打造出來的功能性主食，只要每天認真吃飯就可以逐步實現自己的健康目標，那麼想必任何人都不會對它推辭拒絕。

　　回顧功能性主食的歷史推進脈絡，我們就會發現，從食物誕生的一開

始人們就在為提升食物營養品質這件事而不懈的努力著。

第一代功能食品（強化式食品）

這類食品根據不同群體的營養需求，有針對性的將各種營養素新增到食品當中去，例如，紅極一時的高鈣奶、烏骨雞、螺旋藻等，這類食品對身體能夠造成一定的滋補作用，對人體的健康具備一定的強化作用。

第二代功能食品（功能性初級食品）

這類食品經過科學的人體生物實驗，證明該產品具備一定的強健自身體質的功效，例如，我們耳熟能詳的調節女性更年期的口服液，提高老年體質的液狀營養品等。

第三代功能產品（功能性中級食品）

這個階段的食品不僅需要經過人體生物實驗證明該產品具有一定功效，而且還需要查清具有該項功能的功效成分，以及該成分的結構，含量是多少，作用機理是什麼樣的，在食品的配伍和穩定性上是不是可靠。比如我們常見的深海魚油、納豆、大豆異黃酮等，就是這一類功能性食物的代表。

第四代功能性產品（功能性高階食品）

如今功能性主食即將迎來第四代高階食品階段，它的形式更為多樣，科技含量更高，更適於人體吸收，而且很快能看到效果。

舉個例子來說，現階段在醫院臨床就在進行著這方面的實驗應用，由於一些患者身體裡缺少一些必備菌群，造成了營養不良等一系列的健康情況，這時醫院便從食物上提取於人體相對應的菌群進入溶液，經過高階生物科技處理，然後將菌群在培養機中進行培養，製作成類似於膠囊一樣的

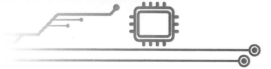
食物，讓患者定期服用，以此幫助患者注入新的菌群，促進人體健康菌群的生長。目前這種技術已經面向醫院推廣普及，已經收到了很好的效果。僅以此技術向未來展望，我們可以想像到，當真正的功能性主食時代來到的時候，我們的內在主食晶片體系將會受到怎樣的思想風暴洗禮。

下面就讓我們一起來看看當今科技下，人們針對功能性主食進行了怎樣的研發和嘗試。稻米是全球華人最熟悉的一種主食，隨著加工技術水準的提高，人們都會對碗裡的米飯提出更高標準的要求，也更願意傾力嘗試能夠改善自己身體健康的新鮮事物。而現如今，市面上已經悄無聲息地研發出了多款新型的功能性稻米，這些稻米針對不同人群的需要，在進行加工的過程中採取了多項前沿的科學技術，最終將我們碗中的飯食，轉換成了一種全新的飲食健康新理念。

那麼什麼是功能性稻米呢？它是指具備一定調節人體生理功能、適宜普通人群食用，又不以治療疾病為目的的稻米。它除了具有一般稻米具有的營養和感官功能外，還具有一般稻米所沒有的或不強調的第三種功能，即調節人體生理活動的功能。

人們將注意力集中在了韓國的一家「功能性和營養稻米」的功能性主食產品身上。

這款產品之所以受人青睞，是因為這款稻米產品全部經過了韓國食品藥品安全廳認證的功能性食品配料，是由認證過的有機稻米製成的富含多重營養物質的有機稻米。而且在原料選擇上也是特別精選了應季 100% 的新稻米，透過新增番茄、薑黃、花椰菜等植物營養素的色彩，能夠很好地增進大眾的食慾。據相關人員介紹，這些稻米富含膠原蛋白、鈣、番茄紅素、薑黃素、胡蘿蔔素、葉綠素等。而且稻米烹製起來十分簡單，適合嬰兒、少年、患者人群，目前在韓國的很多學校都在選擇採購這種稻米。

　　功能性主食時代已經開始在不遠處向我們招手，隨著人類健康知識的普及，產品會越來越規範化，國家考核標準越來越嚴格，功能性主食的功能認真越來越符合國際標準，作為一個人口眾多，富有深遠美食文化的農業大國，必然會在功能性主食時代的影響下，擁有更為廣闊的發展前景，和更為積極的消費族群。產品好不好，一定是要用效果說話，既然是功能性主食，就要彰顯出「功能」二字的強大，相信未來，我們所見到的功能性主食不僅僅局限在功能性稻米，它可能是一款餅乾，一杯奶茶，一枚果凍，甚至僅僅是一個可吸入式主食噴霧，但不管怎樣，在它整個深層次加工的過程中，必然會伴隨著科學技術的成長和更高層次的探索，功能性主食的「功能」會在人們不懈的探索中越來越強大，而我們的生活也必將在它的影響下變得越來越有味道。

第八章
低端食品高階化，改變口味的食物馴化技術

　　假如有一天你吃到的食物是另外一種或多種食物加工合成的，這種食物不論從口味還是從營養元素與你想像的食物都一模一樣，只不過在整個馴化處理的過程中，人們利用先進的科學技術將所有可能傷害到人體的有害物質進行處理，送到你嘴裡的時候，這份食物已經相當安全。如果是這樣，你是否會心生歡喜呢？或許有人說，這怎麼可能，你是在講故事嗎？我想說的是，這個世界沒有不可能，我說的這種食物已經開始一步步向我們靠近了。

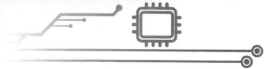

技術性的提高必將帶動安全性的提高

有一句名言說得好：「科學技術是第一生產力。」隨著科學技術的提高，人們的生活條件也會跟著提高的。拿食品來說，技術的革新為食品加工的安全性提供了保障，而在未來的世界，技術性的提高將讓我們擁有綠色環保的功能性主食。儘管起初它所應用的範圍在於生產，但隨著人們對安全性的需求膨脹，它的應用也必將延展到這一領域，帶給我們更放心、更安心的理想生活。

在原始社會，人們對於食物的理念就是有食物就吃，根本沒有所謂的衛生安全理念，只單純地為了生存。隨著時代的演變，人們的食物安全意識開始提高，從剛開始的用水清洗，到後來的高溫消毒，再到現在的高精尖端科技，隨著生產技術的提高，人們在飲食安全性上也在逐步抬高自己標準和要求。

回想往昔的工業時代，食品加工技術正處於百廢待興的階段，而人們對於食品安全的意識卻很淡薄，所以，很多廠家在生產食品的過程中，並沒有將食品安全這件事放在首位。為了盡可能的擴大生產，實現經濟效益最大化，他們寧可花更多的投入改良食品的口味或廣告推廣，也不願意在食品安全上花費太多的經歷，更沒有意識到食品安全對自身發展的重要性。

當人們的生活水準逐漸提高，而前沿科技也在時代的推進下不斷向前發展，人們對於食品安全的要求也會提升到更高的層次，當人們的健康意

識越來越強，首先想到的就是要從自己的食物上嚴把質量關，而食品生產廠家，為了能夠迎合消費者的市場需求，不論是出於國家政府的安全質量把控，還是出於消費族群的高標準要求，都必須要在食品生產上進行改良和革新，更為嚴格的管理好食品安全質量問題，這樣才能更好的順應時代，而要實現成本與安全質量的和諧統一，技術性的提高是首當其衝的第一要務。

當下食品安全生產技術正在飛躍式的發展，各種提高食品安全質量的新興技術無形的應用到了食品安全生產的產業鏈中。這些技術為我們的食品安全提供了更好的保障，讓我們吃到碗裡的飯食更健康更安心。例如，當下的食品輻照技術，就在食品安全的產業鏈上發揮了相當顯著的作用。

食品輻照，又稱「食品照射」或「電離輻射」，它是利用射線照射原理來照射食品，從而有效地延遲新鮮食物某些生理過程的發展，可以對食物造成殺蟲、消毒、殺菌、防黴等作用，可以很好地延長保固期，穩定、提高食品質量，是目前食品安全技術中一項前沿的食品保藏技術。因為具有營養成分損失少、易操作、無汙染、殘留少、節省能源等一系列的優點，因此深受食品安全產業的廣泛看好。

技術性的提高不但帶動了生產水準的提高，還帶動了食品質量安全的提高，暢想未來功能性主食時代，我們手中的功能性主食，其內涵的豐富食物元素，從生長到加工每一個環節都是經過高科技進行加工處理，每一個細節都能做到嚴格把控，而且生產效率也極高。當機械技術代替了人工處理，食品在機械化安全的處理下，品質會變得更加精良，而收容到我們碗中的功能主食，在這樣的加工過程中，不論是從營養品質還是安全品質，都可以讓我們百分百的放心。

目前人們已經針對食品安全問題的需要，研發出了檢驗用的生物晶片

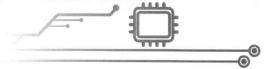

系統，它以全新的微量分析技術，綜合分子生物技術、微加工技術、免疫學、電腦等多項技術，在食品安全檢測，生物晶片在食品中毒事件中的調查，食品汙染生物毒素的檢測，食品中汙染病原菌的檢測，食品中殘留農藥和抗生素的分析和轉基因作物等方面具有潛在的應用前景。

由此可以看出，未來在我們的主食晶片中，食物的品質程度，安全係數會越來越高，我們再不用擔心食物會在質量上出現問題，而其內在的精純度，甚至可以上升到每一個分子離子單位的維度，也就是說，我們所攝食的食物，即便是最細小的單位都可以達到百分之百的純淨。當然除了保證食品安全純淨以外，更重要的是，在高技術的處理下，食品的內在營養成分可以得到充分的儲存，不會因為處理不善而過分流失。而在口感上也更加濃郁純正，可以做到在每一個處理細節上都力求完美。

展望未來，我們的食品安全技術一定會在規範化的同時更趨向於簡單化，但簡單化的同時又絕對力求精細，這個流程很可能並不用花費太長時間，卻在每一個環節都顯露著高精尖的技術含量，從食物的鑑別、檢驗、生產、加工、濃縮、提取精華，分子原子品質淨化，效率會越來越高，所花費的成本很可能不增反降，當人類進入了食品安全生產的系統技術流程，一切都會變得越來越簡單快捷，正如我們手中的功能性主食，它很可能就是手中簡簡單單的一個餐包，一支噴霧，或是其他更為新鮮的呈現形式，但在趨勢的引導下，我們的盤中餐必將向著形式越來越簡單，功能越來越強大的方向出發。總而言之，還是那句話，一切源於技術，技術改變時代，也必將改變我們未來的生活。

高效處理加工，食材口味的革新創意

在食物升級為商品的那一刻，無形中人們對於食材的口感就有了更高層次的要求，他們希望它能夠標新立異，希望它能夠富有創意，甚至於自己聞所未聞，見所未見，這種高效能的口味處理加工過程，是很多人所期待的，越是年紀輕，獵奇心越是嚴重，越是希望能夠吃到更新奇有趣的東西，因此食材口味的創意與革新就成了擺在生產廠家眼前的課題，他們只有最大限度地謀求消費者們的青睞與忠實。

隨著時代的不斷進步，人們對於口感的追求在一步步進化，很多年輕人開始追求新奇好玩的食品口味，還有一些渴望在食物中嘗出更為高階的社會層次感。出於不同的市場需求，促使食物廠家必須對自己的產品口味進行革新創意，以此來吸引消費者的目光，滿足他們不斷翻新的口感標準。

不管對於誰，一份食物擺在自己面前，要不要選擇，要看它能給自己帶來怎樣的飲食享受，不管時代怎麼變，口味怎麼改良，好吃肯定是要站在第一位的。想把人們的錢從兜裡掏出來，對方首先會問自己一些諸如為什麼，我能得到什麼的問題。假如這個時候自己找不到答案，那麼一念之間便會放棄購買。

因此對於食物產品來說，口感永遠都是擺在第一要務的，誰能最大限度地迎合不同地域消費者的需求，誰就能在市場需求中處於不敗之地。為此，很多廠家都花空心思，不斷的將特色口味的產品進行有針對性的調整

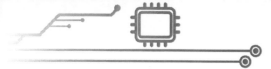

和改良，比如，我們耳熟能詳的重慶特色休閒食品，休閒豆乾，就是經過調研改良後在市面風行不衰的。

目前隨著食品加工技術的不斷革新，廠家可以很輕鬆地將一種食材轉化成各式各樣的新奇口味，其吸引力甚至可以讓消費者將食材本身的口味忽略，而青睞廠家經過加工後創造的新型口味。例如簡簡單單的一份洋芋片，為了滿足消費者的不同需求，就變幻出了諸如烤肉味、番茄味、孜然味等各式各樣的口味，以至於讓消費者在品味的過程中，品其物而念其他，卻很受大眾的追捧和青睞。

那麼當下對食物產品改良的技術，究竟到達了怎樣如火純青的地步呢？下面就列舉一些例子，讓我們感受一下新技術加工下，人類賦予食物口感方面的革新感受。

糖果和辣椒

這兩種食材在我們認知的概念中本是互不沾邊的，但偏偏經過廠家的創意加工以後，這兩種食材便在一款食物產品中強強聯合了——甜辣味彩虹糖。由於這種新奇的口感，突破了消費者概念的認知，讓大家在體驗口味新奇感的同時，提升了自己品牌的口碑和特色，所以贏得了很多年輕人的青睞。因為新奇、好玩、有趣，而且從未品嘗過，這種辣味彩虹糖開始悄然風靡，讓經過系統改造革新的食材，煥發出了嶄新的生命力。

芥末和巧克力

很多人在青睞傳統口味的同時，希望自己能在品味食物的過程中擁有更為新鮮的美食體驗，因此一些奇葩式的口味革新產品開始在市面上出現，例如，目前在巧克力的製作上，就有人別別出心裁推出了一款芥末味的巧克力。在當下很多年輕人看來，諸如薄荷巧克力、辣椒巧克力已經不

是什麼新鮮的產品，可芥末和巧克力放在一起是一個什麼味道，著實讓人好奇。當甜甜的巧克力中，夾雜了芥末的辛辣刺激，怎麼也想不出那將是一種怎樣的味道，於是乎，這一產品一時風靡全國，獲得不錯的廣告效應。

食物功能與創意的完美結合

除了在口味加工上的革新外，很多廠家也將食物的功能與創意的口感，完美地結合在了一起，希望以此打造美味、健康、時尚的新型飲食理念。

例如，日本可口可樂公司就針對人們瘦身的渴望，推出了一款號稱可以吸脂的可樂「Coca-Cola Plus」，這種神奇的飲料，一經推出就受到千百萬消費者的關注，它迎合了消費族群管不住嘴也想瘦的飲食需要，經過六年研發做到了「Coca-Cola Plus」，受到很多減肥消費者的青睞。

由此我們可以想像未來功能性主食的世界，不但要在營養搭配、原材料配比上達到滿足消費者對於食品「功能性」的需求，還要最大限度地迎合消費者的口味需求，因此在功能性主食的加工過程中，口味的革新將是生產廠家著重打造的一個重點。或許那時，很多我們聞所未聞，見所未見的奇妙口感，會在不經意間擺上功能性主食的貨架，帶給我們更為新奇的味覺體驗。

試想一下吧，一款功能性早餐很可能會根據不同人的喜好，排列出傳統系、地域風味系、水果系、蔬菜系，以及各式各樣複合奇葩系，這些新奇有趣的口味，可以更好地促進我們的食慾，滿足我們的新奇感，但同時又不會改變功能性主食本質的「功能效應」，這或許在我們主食晶片的革新中，也有著里程碑式的進步意義，它顛覆了我們對食物最初概念的口味，而在不斷的加工馴化後，將其改造成了自己青睞的任何一種口味，而那時我們對於食物味覺的概念又將會是什麼樣的全新理念呢？想來真的又讓人緊張，又讓人期待啊！

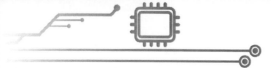

極簡小資，收穫真正的攝食幸福感

　　世界越是紛繁複雜，我們的內心越是渴望極簡的安寧，東西買多了，會頭大，食物貪多了，也難以消化，越是簡單不複雜，越是會受到大眾的青睞，但究竟怎樣才能在擁有極簡飲食結構的同時，享受更健康的人生呢？攝食真正的幸福感，無非在得到自己想要的之後，在整段旅程中享受到更為豐富的內容，它融會在每天簡簡單單的一頓飯裡，每當你拿起筷子的時候，總能咀嚼出一股幸福的味道。

　　曾經有一個朋友講述了一段她飲食生活刪繁從簡的個人經歷：

　　我是一個非常喜歡美食的人，為了能夠讓自己每一頓飯都能吃好，我真是花空了心思。因為時間有限，對美食又不願意將就，所以我將很大的投入放在了那些廚房家用電器上，除了簡單的電飯鍋、蒸鍋、烤箱以外，我家還有諸如煮蛋器、切果機等各式各樣的烹飪電器。後來我發現，即便是這些電器真的能幫我的忙，但就我個人精力而言，還是覺得太複雜了，先不說做出來的東西是否能達到自己要求，單單看著這樣一堆東西擺在廚房，我的心情就已經煩躁不安了。

　　怎麼辦呢？思前想後，我把大部分電器都送了人，重新為自己選擇一種簡單明快的飲食方式。很長時間以來我家的廚房裡幾乎見不到油煙，當別人在煎炒烹炸的時候，我正端著一盤沙拉，外加一杯鮮榨果汁，凝望著窗外小區的美景，那種感覺就好像是將自己置身於充滿綠色的田園裡，感覺極好了。

　　如此一來，我的身體也慢慢好了很多，整個人都變得寧靜安詳，我就在想，假如有一天，世間有這麼一款或多款極簡美食，能夠讓自己既享受到曼妙的美食口感，又吸收到一天所應吸收的一切營養元素，還把所有人從廚房的勞作中解脫出來，一邊飲食，一邊閒靜的看看風景，聽聽音樂，或是讓思緒開會兒小差，那種人生境界是不是會很風雅呢？至少我覺得，堅持下去會很有幸福感。

　　這個時代注重效率，儘管機器的研發相當程度上可以幫助人們更好地經營生活，但這也遠遠達不到人們的極致需求。每天出門我們最常見的情境就是繁華街市人來人往，人們行色匆匆，絲毫沒有因為機器智慧的不斷更新而輕鬆幾分。

　　有人說這個時代不缺人才，缺的是空間。過分的忙碌讓人們感覺疲憊，總是覺得自己的時間不夠用，總是覺得私人空間越來越小。小到不願意在廚房忙得團團轉，小到連享受多些平靜安寧的時光都成為一種奢侈。很多人開始厭倦飯桌上經歷了複雜過程烹製出來的菜餚，更渴望找到本真的自己，擁有屬於自己最真實的生活。於是慢慢的，在人們的主食晶片飲食結構中，逐漸形成了極簡、美味、幸福的功能性需求意識，希望能夠將現實的飲食過程，納入到自己嚮往已久的極致生活狀態。

　　美食的世界紛繁複雜，就好比人們心中的慾望一般，無窮無盡地變換著花樣。慾望越多，能量就會發散，導致人們思維情緒混亂，不能集中心力做自己最想做的事情。因此越是到了經濟發達的時代，人們越是會不斷的追求自己精神生活的品質，追求的品質層次越高，就越是會集中心智去實現人生最渴望的目標和價值。當這種價值取向的慾望越來越強烈，他們勢必會在自己的生活上做出調整，而極簡式的生活模式將會越來越受到人們的青睞，簡單而富有品質感的飲食結構，也就很自然的成為他們日常生活中的一種必須。

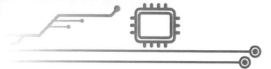

那麼究竟什麼樣的食物會在未來社會的發展中更受大眾青睞呢？答案很簡單，只需要滿足三個條件，一個是簡單，一個是成本，一個是價值。出於自身的調節，人們的生活越緊張，壓力越大，越是會迫使他們對自己的生活做出減法，但減法並不等於品質的下降，而是一種生活方式的變革。從極簡的角度來說，人們的調節方向必將朝著慾望極簡、精神極簡、物質極簡、資訊極簡等多方面的渠道做出取捨，他們越是渴望簡單，在食物搭配的選擇上也就越是簡單。因此，誰能夠在保證價值品質的同時，有效的利用好人們對極簡式生活的需求，誰就能在食品商業市場上搶占商機。

事實上，未來世界的食物主體形式，必然會朝著「極簡」和「極致」兩大核心主題邁進。除了剛才說的「極簡」，「極致」的意義將更為廣泛，即用料極致、加工極致、安全極致、口味極致以外，更重要的還有技術極致、馴化極致、功能極致等更為前沿性的主題概念。如何讓人們以最少量的時間，最極簡的生活方式，享受到最美味最有品質的健康美食，而且還需要做到形式簡潔，營養豐富，能夠源源不斷的為人們提供品味上的愉悅感和幸福感，這其間每一個環節的連結，對食物加工而言都是一個十分浩大的工程和挑戰。

當人們在經濟實力上達到一定標準，必然會對自己的飲食提出更高的要求，因為不管是誰，「吃」這件事都將直接影響到他們的生活質量。所以，在未來人們的主食晶片中，全新的飲食結構模式帶給人們的內涵不僅僅只是存續在飲食方面，它引領的是一種全新的生活方式，是一種對健康人生全新概念理解，一種自己對自己的重新再認識，甚至說是一種對自由、幸福、快樂的重新定義。

同時，人們會在不斷了解自己的過程中，深挖自身靈魂，找到自己最

為真實的內在需求。在不斷的選擇與放棄中，找到人生中最為重要的東西，並在生活的品質和自身價值上，不斷取得物質的飛躍和精神的飛躍。這一切都在迫使他們對自己固有的模式做出變革，而在這場變革裡，食物的世界也將隨著他們更為先進的設計馴化理念，而發生翻天覆地的變化。

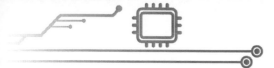

功能主食的主旨：
肚量有限，按需取食

　　人的肚量是有限的，儘管大千世界美食眾多，但我們的胃永遠就這麼一點點，因為肚子有限，我們只能盡量選取自己需要的食物即時享用，正如功能性主食的種類和其內涵的元素，需求不同，選擇必然不同，人總是會按照自己相應的需要選擇自己理想中的東西，而食物作為他們眼中的商品也是如此，唯有真正將功能性做到人們的心坎裡，才能最終在消費市場中搶占先機。

　　天下美食一大筐，不能全往肚裡裝。大千世界，食材無邊無際，可是人只有一個肚子。縱然知道這個世界上有 N 多種食材，對自己的身體是頂級頂級的有幫助，但真擺在你面前，你也未必能一股腦地吃進去，再者說就算你真有那麼大的胃，把這些東西吃下去了，你能確切的保證它們能在自己的肚子裡最大限度地發揮作用嗎？營養能徹徹底底地被自己身體吸收嗎？

　　常常聽到有些人說：「哎呀，我的身體就是不受補，補點就上火，可是說實話其實我覺得我的身體挺虛弱的，這些食物我覺得自己真的很需要。」

　　這就是問題的癥結所在，縱使食材再好、再精良，你在吃之前沒有把自己的身體搞清楚，也是百搭，說不定一個不小心吃錯的東西還幫了倒忙：

曾經有一個朋友總覺得自己起色不好，聽說桂圓紅棗泡水可以補氣養血，於是每天堅持用大量的桂圓和紅棗泡水喝，時間一長，她覺得自己嗓子黏乎乎的，不但起色沒養上去，頭反而昏沉起來。

她趕緊求助醫生，醫生一把脈直接就問她最近吃了什麼，她說每天都在喝桂圓紅棗水的事情，醫生聽了，故作生氣地對她說：「你本來就是痰溼體質，紅棗桂圓加起來，凝痰的效果更好，你怎麼不多吃點？直接吃到天天咳嗽再來找我呢？」

聽了醫生的話，她再不敢吭聲。這時醫生一邊開藥方一邊說：「現在一大堆人生病就是自己瞎吃瞎補造成的，也不看看自己身體的實際情況，該怎麼吃怎麼補，現在先給你化痰，每天多吃清淡的，等好了以後我告訴你該怎麼吃吧。」

看了上面的例子，不知道現實中的你會不會也有同樣的經歷。如今超市裡好吃的實在太多，優良的食材也琳瑯滿目，以至於讓你一進超市腦袋就開始思緒飄飛，買點這個能煲個湯，買點那個可以做一頓豐盛的牛排大餐，哎，對了，買點這些東西，好好去去溼氣吧。我們總以為自己很懂，但回到家把一切裝進肚子裡的時候，身體卻開始對我們提出了抗議。

那麼既然肚量有限，我們究竟應該怎樣取食呢？答案也很簡單，當然是按照我們身體的不同需求了。找到最適合自己的，才算是選擇了最好的。按照營養學來講，人的一天食物的攝入量應該呈一個金字塔結構，最底層的應該是穀類薯類及雜豆 250-400 克、水 1200 克，穀類薯類及雜豆 56.6%，蔬菜水果類 21.2%。然後往上一層就是水果和蔬菜 300-500 克，水果類 200-400 克。再往上一層畜禽肉類 50 － 75 克、魚蝦類 50 － 100 克、蛋類 25 － 50 克。然後上一層是奶類及奶製品 300 克、大豆類及堅果 30 － 50 克。最後塔尖是油 25 － 30 克、鹽 6 克。

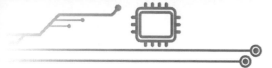

看到上圖你是否頭大了？的確，在這個效率至上的時代，每個人每天的工作已經夠忙的了，誰也無法做到一日三餐準時準點的給自己編排這麼豐盛的食物，但如果沒有按照這個標準吃，那麼你所需要的營養成分是不是就吸收不了了呢？

目前，很多明星為了保持身材，同時補充好自己一天所需攝食的各項營養元素，採取的方法可謂千奇百怪，其中最負盛名的一個，就是利用植物酵素來取代自己的一日三餐。不可否認，酵素的補充確實對我們人體的健康存在重大意義。美國豪爾博士說：「人類壽命與有機物潛在酵素的消耗度成反比。若能夠增加食物酵素的利用，既可遏止潛在酵素的減少。」難怪很多人會把用上百種蔬菜水果一起加工過的酵素產品，視為自己的一日三餐，但即便是這樣真的就能做到營養均衡嗎？

不可否認，酵素對於渴望保持青春、健康、窈窕身材的人來說，的確存在著巨大的誘惑力，但黴也好，酵素也好，僅僅也只是我們人體所需要的營養素中的一部分，而並不是全部，真正想達到全方位的營養均衡，又能有效的實現自己美顏瘦身的目的，僅僅依靠它，恐怕現實會讓你覺得很骨感。

那麼究竟怎樣才能更好的解決這個問題呢？

對此，功能性主食給出了自己認為最切實有效的解決方案。儘管食物再多樣，想達到精益求精，也需要一個取其精華去其糟粕的過程，當有利於我們身體的元素在生物科技的加工下一點點被提取出來，濃縮成很小很小的一部分，當幾十種上百種的營養食材經過這樣的加工技術，變成一份分量很小很小的功能性主食時，你也許只用沖泡一包咖啡的時間來認真的享用它，卻比哪些正在端著碗玩命吃飯，桌子上擺著玲琅滿目各大菜餚的食客要有營養，而且絕對營養健康，絕對適應你的體質，絕對功效顯著，

絕對更符合你的心意。

　　功能性主食的好處在於，它在理解你胃部需要的同時，將最完善的黃金比例的營養食材，透過高科技的處理方式，在幾分鐘之內幫你在浩大食材營養庫中做出甄選，針對你身體急需解決的問題，做出最合理的膳食營養方案。當然，如果你願意的話，幾分鐘之內，就可以高效快速地完成飲食問題。

　　相信在不久的將來，在你主食晶片裡的新型飲食系統裡，這一切都是正常不過的事情。

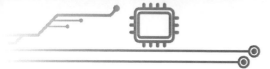

味覺重組，顛覆想像的食物新體驗

當心，你所看到的食物存在假象，或許此物非彼物，或者此味非彼味，當人們的技術伴隨著人們的期待與努力，一步步將不可能的事情變成可能，我們手中的食材也會跟著它的腳步玩兒起新花樣，我們難以想像到未來世界的食物會給我們帶來怎樣的全新體驗，它或許是顛覆性的形態，顛覆性的口感，當然最重要的是在我們的主食晶片裡，已經因為它的存在，而樹立起了全新的飲食概念。

王國維曾說過這樣一句話，人生分為三個層次，其中有一個層次叫做：「看山不是山，看水不是水。」吃飯也是如此，很多時候我們吃到碗裡的菜，你覺得口感應該是某某，但事實上未必如此。最為典型的例子就是流行於各大素食館的素齋菜，很多名字聽了就嚇人，比如，紅燒獅子頭、糖醋魚、九轉肥腸，一看標題就是一道道耳熟能詳的葷菜，斗膽點上幾道菜，看著這造型，信佛的人心裡已經開始打鼓，用筷子夾起來一嘗，更是覺得罪過罪過。但事實上，這些所謂的「葷菜」都是用素食經過精心的烹調呈現出來的。

素齋菜以葷託素，就是把葷菜的名稱賦予素菜，故而又叫福菜、釋菜或齋菜，所採用的原料主要有乾鮮果蔬以及筍耳菌菇，仿製葷菜的造型，藉以葷菜的菜名，形狀上唯妙唯肖，假如是遇到烹飪技法精緻的師父，一筷子夾下去，還真能讓你在葷素上真假難辨。

人多少都有一些獵奇心理，在烹飪技巧上也是如此，很多技藝高超的

烹調高手就好像是在廚房裡修煉出來的魔術師，他們憑著對食材的理解，打造出了一道道與眾不同的飯食。不論是從色、香、味哪一點，都能給你帶來一種：「看山不是山，看水不是水」的感覺。

從某種角度來說，一份食材，經過特殊工藝烹製加工以後，很可能會顯現出另一種食材的味道，這種巧妙的變化，讓人驚訝，開始懷疑自己的味覺，怎麼吃到嘴裡的食物並不是自己想像中的食物呢？細想起來，烹飪對食物加工的技術已還真是神奇，但從當下的現代科技角度來看，這點小戲法，可就小巫見大巫了。

美國有一家名為 Hampton Creek 的企業，就以純植物原料成功地製作加工成了人造蛋黃醬，無論從色、香、味、哪一點都極其貼近用雞蛋製作的產品。Hampton Creek 也憑藉 veggies in, meats out 的概念獲得投資人的青睞。

有了如此得意的新成果，接下來大家對食物加工技術創意一發不可收拾，同為「食物 2.0」創業公司的 Impossible Foods 聲稱自己已經找到了方法，可以透過生化科技技術把植物變成肉類食材，而且在保持「美味口感和動物產品般的質地」的同時又剔除了膽固醇、激素和抗生素等化學物質，以及常被牽扯到動物養殖和宰殺工業的動物權益和資源浪費等社會性元素。

此訊息一出便引起了強烈的轟動，植物變成肉食？這真的有可能嗎？針對這個問題，該公司發言人進行了有趣的解釋：「我們從植物入手，如穀物、綠蔬和豆類，將其中的蛋白質、脂肪以及其他營養物質互相分離，篩選出能賦予食物特定口味和質感的成份。然後，我們將這些源於植物的蛋白質、氨基酸、脂肪組合成肉類和乳酪……」聽起來簡直讓人難以置信，但這一切真的已經成為了現實。

透過這種「肉類」加工的手段，IF 的第一款測試產品是一個「牛肉漢

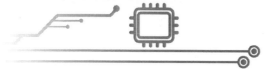

堡」。這款漢堡於 2016 年首推進入美國市場。目前，一片「牛肉餅」的價格大概在 5 美元左右，隨著大規模量產價格還會進一步降低。而經過相關專業人士測評，這款漢堡的口感和味道都非常接近真實漢堡，但是「所含的熱量也和真實漢堡一樣」。

我們很難想像，人們花費這麼多錢，傾情投入成果就是「素牛肉漢堡」，那麼它和市面上的那些素食帶肉類產品又有什麼區別呢？針對這個問題，研發單位給出的回答是，素食漢堡瞄準的人群是素食主義者，或者在食素的過程中希望尋找到更適合的肉類代替品的人群，這與我們方才描繪的素齋菜基本類似。而 IF 的產品則是為那些無肉不歡者準備的，提供的是原汁原味的肉類體驗，無論是從食物本身的色、香、味，還是它們的料理和準備過程都是與從農場出來的動物產品無異，甚至更好。

據相關統計，從現在開始到 2050 年，整個食品的供應大概要增長 70% 左右，而對肉類的供應，到 2050 年大概要翻上一倍的樣子，也就是說大概要增長 100%，而且僅僅是一種保守猜想。對於未來來說，這個挑戰是相當嚴峻的，未來三十年如果肉類供應要增長 100% 的話，那需要擁有像英國那麼大的土地來種植大豆和玉米，才能夠養活足夠的家畜來供應肉類的需求增長。而「素食牛肉」如果能夠得到有效的利用和推廣，將會在很大幅度上緩解世界因肉類供不應求所造成的成本壓力，同時也更有利於人體的身體健康。

所以推測一下，到了 2050 年，我們的孩子或是孩子的孩子再去超市購買肉類的時候，就會多了一個新選擇，他們食物晶片中對於肉類的概念將隨著科技時代的進步發生改變，看肉不是肉，看蛋不是蛋，嘴巴裡卻在說：「我們要個加蛋的牛肉漢堡吧。你說植物那款怎麼樣？」這種改變，就是未來人們對食物的新體驗！

第九章

藥食同源，美味、健康與養身同等重要

　　古中醫講「上工治未病，不治已病，此之謂也」。但凡是看過中醫的人都會發現，醫生所開具的藥方大多來自於食物，甚至有些就是我們生活中很常見的食物。曾經有一位老中醫意味深長地說：「自古藥食同源，最美好的致病方法，莫過於吃著吃著飯，病就好了。」隨著人們的健康意識不斷提高，人們開始對食物有了更高的期待和要求，他們希望自己所吃的飯，能將美味、健康與養身有機地結合在一起，假如這個時候還能做到有效的節約時間成本和經濟成本，效果就更好了。人們的這一目標已經初見成效了。

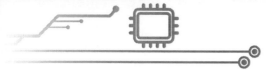

從神農嘗百草到前沿功能主食趨勢

　　當年神農嘗百草，走遍千山萬水，就是為了能夠深入地了解，不同的食物對於人體有怎樣的影響，具備營養價值和功能價值，自此人們從遊獵時代邁入了農耕時代，而時光流轉，直到科技發達的現代，人們對於食物功能的探索始終沒有斷絕，大家都希望將手中的食物功能最大限度地開發出來，以更好地為自己服務，這是一個馴化滿足的過程，也是開啟功能主食前沿科技的大勢所趨。

　　有這樣一個很感人的故事：

　　上古時候，五穀和雜草長在一起，藥物和百花開在一起，哪些糧食可以吃，哪些草藥可以治病，誰也分不清。黎民百姓靠打獵過日子，天上的飛禽越打越少，地上的走獸越打越稀，人們就只好餓肚子。誰要生瘡害病，無醫無藥，不死也要脫層皮！

　　首領神農為了不讓大家因為吃錯食物而付出生命的代價，獨自承擔起了嘗百草的重任，並把自己進食百草後的感覺一一做了記錄。嘗百草的過程艱難又危險，神農經常因為吃下毒草而暈厥，醒來後第一件事就是把這種草記錄下來，告誡大家千萬不要食用。

　　有一次，神農吃了毒草，身體發軟，暈倒在一棵矮矮的植物下，看到樹上的葉子，本能地抓了一把放在嘴裡，沒想到毒竟然給解了，於是神農連忙記錄，並將這種植物取名為「查」，也就是今天我們所說的茶葉。

　　就在神農覺得有了這麼好的一個解毒草可以解毒救命時，沒想到他又

在無意間食用了斷腸草，吃後毒素瞬間蔓延到他全身，讓神農來不及用「查」解毒就倒在地上，此後再也沒有起來。臨死前，神農緊緊地抱著他的兩口袋藥草。人們為了紀念他的功績，隆重地安葬了他，並尊神農為農耕和醫藥之祖，而他用生命做的食物記錄，最終成為一本著名的醫藥名著《神農本草經》，至今依舊代代相傳，濟世無數。

神農嘗百草的過程，起初就是探尋主食的過程，他希望用這種方式尋找到無毒健康的食材種子，既可以保障大家的健康，又能更好地適宜人們耕種。他希望自己的群落能夠透過耕種的方式，不再遭受遷移之苦，能夠安定下來，擁有更為豐厚富足的食物儲備。從這個角度而言，在原始時代，人們努力的方向是為了主食而奮鬥。有了主食就有了生命的依靠，生活就能得以安穩延續。而主食的功能，除了能夠解決飽腹感以外，更重要的是它可以有效地強壯人類的體格，讓身體更有力量，精力更充沛，這樣才能更有激情地投入到生產勞動中。

我們的祖先尋找食物的過程，潛在的關鍵點就是要認清食物的功能，他們渴望手中的食物，能幫助自己實現更遠大的目標，具備養活自己、強壯自己的功能，而這個過程就是我們人類探索功能性主食的最早開端。

隨著時代的發展，人們將「價值」二字看得越來越重要，即便是一顆釘子，也會先在心裡問問到底自己需不需要，它對自己有沒有價值，假如購買的話，自己所要付出的成本與收穫是否成正比。而對於食物的選擇，人們的需求也必將朝著這個方向發展。

如今走進菜市場就會發現，我們菜籃子的選擇餘地越來越大了，各地的蔬菜瓜果，不到幾個小時就可以疏散到任何一個城市，正是因為選擇餘地越來越多，人們對於食物的要求變得越來越高。什麼樣的食物是最健康的，什麼樣的食物對自己的身體更有利，什麼樣的食物能讓自己更年輕，

189

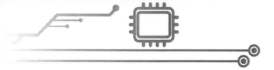

什麼樣的食物能有效地緩解治療自身的疾病問題，一系列需求的產生，使人們對食物有了不同選擇，其中所蘊含的商機也是顯而易見的。

如今科技在不斷進步，各種科學研究專案都在蓬勃發展，當人們對飲食不再僅僅只追求口感，而將更多的關注集中在它的功能以及對自己健康的影響時，如何研發出具有前沿性和高效性的功能主食就成為一件勢在必行的事情。人們希望，同樣是主食，功能性主食能夠給身體帶來更好的改善，甚至可以代替服用藥物的痛苦，有效的緩解乃至徹底解決自身的健康問題。

假如有一天，我們手裡的這碗飯不再是平平常常的一碗飯，而是能夠有效地發揮更神奇的作用，在帶給自己健康的同時，讓自己擁有更美好、更高效的生活質量的飯，那該多麼好啊。

此時，假如有一碗飯可以幫助我們延緩衰老，一碗飯能夠讓久難散去的病痛痊癒，一碗飯可以有效地提長我們體質，讓特殊時期的孕婦得到更充足的營養，那麼生活在健康中的我們，一定可以規避很多問題帶來的煩惱，以更健康更積極的狀態投入工作，享受人生。而這一切能實現嗎？大數據顯示，它很可能馬上就會成為現實。

功能性主食概念，是主食晶片中一種全新的飲食結構理念，它更看重的是食物對人體健康的功能效果，製作方法更富有科技含量。它雖然是簡簡單單的一碗飯、一袋粉末，卻濃縮了各種人體所需要的元素的精華，營養成分會高於直接食用食物的 N 多倍。儘管它的出現，起初未必能夠給人們帶來多麼有幸福感的美食體驗，但它的功能性和效率性，卻依然可以作為賣點，有效地幫助購買者解決自身面臨的問題和需求。

假如神農氏嘗百草是為了尋覓到可以維繫生存的基礎食物，那麼人類不斷將食物加工鍛造提取精華的過程，就是一個將食物延伸再造的過程，

而功能性飲食，將會是在這一基礎上進行的更高層次的飲食革命。它將功能放在了首位，更能針對問題滿足不同消費者的需求，有效地調節成本，成就另外一種前所未有的飲食新模式。

或許在不久的將來，我們會看到很多朋友在吃飯的時候，雖然只拿著一小條如咖啡粉末般的功能主食一飲而盡，但他們很快就能精力充沛地投入到工作中去。我們甚至還有可能發現功能主食會以更為新穎的形式，出現在街邊大大小小的超市裡。

到了那個時候，人們還會針對各自的問題，在超市裡選擇自己需要的功能性主食，把往昔的飲食結構變成自己的副選專案。因為現代人越來越看重時間效率和成本效率，盡量節省掉不必要的時間開銷，在降低生活成本的同時，不影響高標準的生活質量，這是人們當下最理想的追求，而功能主食理念，也必將在這種追求的影響下得到有效傳播，最終成為時尚，成為家家戶戶都會考慮接受的飲食健康新選擇。

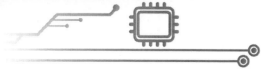

養身調神，將身心喜樂融入健康的一碗飯

佛說，世界乃是因「情」所生，人生修行的最大課題，莫過於一個情字，很多人認為情感的調節在於交際，卻忘記了其中還有很大一部分內容在於飲食。在我們固有的主食晶片資訊庫裡，每當擁有食物時，吃好一頓飯的時候，人的情緒會自然的處於愉悅狀態，而不同口味的食物，在某種程度上也調劑著我們每一天的悲歡離合，倘若能將身心的喜悅融會到自己的一日三餐，那麼端起飯碗的那一刻，我們品味到的不僅僅是一份美食，還有取之不盡的正能量。

生活在這個世界上，不論日子過得是好是壞，總也逃不開每天的一日三餐，每到吃飯的時候，我們的心情是最放鬆最愉悅的。常言說得好：「世間極致的美味，不過是一碗剛出鍋的白飯。」由於我們的祖先，曾經經歷過沒有食物狀態下的飢餓，一旦找到了食物飽餐一頓，那種喜悅的幸福感就油然而生，而這種古老的記憶，也根深蒂固的遺傳給了當下的我們，讓我們總能夠在吃飯的過程中體會到快樂，總能夠在進食結束的時候，產生一種微妙的幸福感。

食物既可以補充我們身體的能量，還可以愉悅我們的身心，它不但是我們身體的食糧，還滲透了我們心理的健康。事實證明，食物中所富含的微量元素，會在我們人體之中產生微妙的反應，最終有效促進我們人體各項機能的修復，促進細胞更新，幫助我們擁有一個更好的自己。

優質的碳水化合物和一定的蛋白質，則是我們生命細胞結構的主要成

分及主要供能物質，具有調節細胞活動的重要功能。我們日常吃的肉類蔬菜中，也富含著各種膳食纖維、氨基酸等多項人體需要補給的營養元素。中國古中醫，很早之前就已經覺察到了食物對於人體的妙用，發明五行，將食物分成簡單的五種顏色，不同的顏色針對不同的人體臟器，在調理身體的同時，還能有效的治癒疾病，效果十分顯著。

我們要想擁有健康，就必須對自己的身體有一個認真的了解，科學的飲食搭配往往對我們調節身體造成事半功倍的效果。常言說得好：「與其藥補，不如食補。」人在喝藥的時候，會產生本能的痛苦情緒，內心深受「是藥三分毒」理念的困擾，但假如是食補感覺就會不一樣，它會給我們帶來更為正面的暗示，食用起來毫無負擔，我們可以這樣對自己說：「不過是在吃飯，認真的吃好每一頓飯就可以了。」

一位八十多歲的農民大爺，他身體硬朗，眼神發亮，有人問他健康、長壽的祕訣，他開心地說：「其實也沒什麼，每天下地幹活，耕種家中的幾畝田地，看著親手種上的苗苗一點點的茁壯成長，內心就會有說不出的喜悅。隨後回家吃飯，想著這一切都是自己辛勤勞動的成果，把食物放在碗裡的時候，就吃得很香很開心。就這樣日復一日，我總是能夠第一時間品味到自己收穫的成果，那感覺真的太享受了，想健康就要身心愉悅，其次就是好好吃飯，好夢連連，這樣什麼病也不會找上門，日子也會越過越幸福。」

農民大爺在這種美好的狀態下找到了快樂的感覺，人逢喜事精神爽。在愉快的情緒下進餐，是非常有利於健康的。

健康是每個人都可以擁有的東西。無論你在哪裡，如果能夠靜下心來，吃好碗裡的每一頓飯，帶著愉悅的狀態品味一天的勞動成果，那種感覺一定是不一樣的。

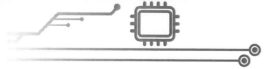

　　然而，在現實生活中，很多人都在抱怨自己無法享受這樣簡單而美好的進食過程，有人說工作真的很忙，有時候越是到飯點，越是著急工作沒有做完，於是那種緊張感導致自己腦袋輕飄飄的，心裡也開始焦躁不安，所以每次吃飯的時候都不能專注，吃著碗裡的飯腦子裡想的卻是工作。有時候遇到了不好對付的上司，讓自己內心委屈難耐，這個時候想讓自己開開心心地吃飯幾乎不可能。有些時候自己遇到棘手的工作，一肚子的暴脾氣，還沒吃飯，胃已經氣得很疼，即便是再美味的大餐也沒有胃口了。

　　中醫說眾病之源就在一個「情」字，情緒處理不好，身體就很容易出現問題。而功能性主食，在這方面的調理，相比於傳統飲食模式，很可能會有出其不意的效果。例如，功能性主食可以為上班族量身打造抗壓效果顯著的主食配方，在主食中加入一些富含羥色胺，維他命 B 群，維他命 C、硒、鋅、鉻、多酚等多種微量元素的食材，並對其進行合理的比例搭配，再加入一些高科技含量的濃縮提取方法，有效地保證人體能夠得到更高效率的吸收，這樣一來，吃完一頓飯，我們就會感覺身體狀態有了很明顯的改善，整個人精力更充沛，身體更有活力，心情自然也會變得愉悅起來。

　　總之，新興的主食模式一旦成為現實，我們固有的主食晶片程式必將推陳出新，出現難以想像的偉大變革。它可以更好地調養我們的身心，讓我們的情緒長時間保持在最佳狀態，讓我們更專注更喜悅地對待吃飯，締造出一種全新的飲食新理念新方式，它的功能會越來越強大，引領著我們步入更健康的生活，最大限度地幫助我們實現更多的人生目標和價值追求。

藥用價值的功能主食，讓調理不再難以下嚥

對於很多人來說，吃藥無疑是一件很痛苦的事情，不論是中藥還是西藥，只要一拿起來，總是有一種暗示在告訴你：「我是個病人，吃藥很痛苦。」但是如果有一天，有一種功能性主食，能夠以另一種全新的概念幫助你調理身體，讓你逐漸放下吃藥的恐懼，用心地吃好碗中的每一頓飯，那這種調理的方式，應該不至於讓人難以下嚥吧。

當身體出現病痛的時候，我們首先想到的是去看醫生，而醫生開具的處方就是藥品。說實話，每天面對大大小小的藥片，光看著情緒就糟透了，是藥三分毒，雖然確實能緩解病痛，但誰也不願意長期與藥片相伴，因為在我們習慣性的概念裡，但凡是吃藥的人，多半都是病人，病人是身體不健康的，是面臨諸多疾病困擾的。

除此之外，很多朋友在服用藥物的時候，還有可能出現不適應的過敏反應，假如一不小心出現這樣的情況，那對於身心而言也是一種莫大的折磨。

有一個朋友因為服用抗生素而出現嚴重過敏，他是這樣講這段經歷的：

那種感覺還不如當初自己就硬挺著不去看的好。我後來查了一些數據發現，這類藥物在解決問題的同時，對我這種特殊體質的人來說影響還是很大的，它不但會破壞我們人體正常的菌群，還很有可能導致不敏感微生物的過度生長，如黴菌、耐藥菌等，假如不及時採取措施，到時候很有可

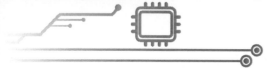

能會產生多重感染。更有嚴重者，在服用抗生素藥品以後還造成了耳聾和腎功能損害。

試想一下吧，假如一個摸不清自己體質的人，誤食了一些引發其過敏甚至引起其他身體反應的藥物，本來一個簡單的小病，說不定就會嚴重到住院急救的地步，不但給身體帶來傷害，還會影響到一個人日後的工作和生活。試想如果有一天，諸如感冒這樣的小問題，能夠透過合理的膳食來解決問題，減少藥物對身體的干涉，能夠讓自己在盡可能自然的攝食條件下，讓身體得到更好的養護，那對很多人來說一定是絕佳的選擇。

儘管功能性主食還無法代替藥物解決問題，但卻可以從另一方面有效地促進疾病的痊癒，能夠盡量減輕我們的食藥之苦，這從一定程度上造成了健康調節作用，在食品市場還是有一定需求量的。

如今，已經有一些修復型營養餐正在面向大型醫院進行推廣，按照醫生的介紹，康復營養餐中搭配了很多適宜於病人術後修復的營養成分，可以有效地提高術後病人的體質，同時針對他們長期臥床，大便不利的情況給予有效調節。但很多病人反應，這樣的食物著實讓人無法下嚥，口感非常差，而且讓人看了就提不起食慾。儘管如此，那也可以算是功能主食在不斷向前推進的一個明顯標誌，或許在不久的將來，功能性主食將在一系列演變進化的過程中更好的為醫療產業提供服務，在大健康建設中發揮重要作用。

功能性主食所用的中藥材全部來源於自然，有很大一部分都是我們日常生活中會涉及到的食物。從中醫的角度來說，其實它並沒有那麼神祕，很多人覺得中醫用藥就是為了直達病竈，這種說法是不科學的。中醫的神奇來源於對我們人體的調節，當人的各項技能達到一個平衡的水準，他自身的健康狀態必然好轉，與其說中醫能治病，不如說它在喚醒激發人體自

身的自癒功能。

所以，在開藥方的時候，我們會發現，醫生開藥的過程就好像在配菜，哪些克數多一些，哪些克數少一些，這本身就是營養搭配學最原始的累積過程，將不同的元素輸送到不同的經絡臟器，從而使身體獲得一種平衡穩定的狀態，這樣病自然就消失了。」而這種元素配比理論，是完全可以運用到功能主食研發中的，儘管從成本角度來說，它或許做不到為每個人量身定製，卻可以經過最科學的配比方式，讓選擇它的進食群體快速的看到效果。這種感覺就好比我們在感冒時，都會服用的感冒沖劑，儘管每個人感冒的情況不同，但大多數人在服用後，都能看到明顯的效果。

目前很多科學研究都在致力於功能食品的研發，相信在不久的將來，功能性食品將會給我們的生活帶來意想不到的變化。

例如，假如將功能性主食用在創傷手術患者的修復調理上，應該會對有效恢復患者元氣有相當程度的幫助，因為剛剛進行過手術，患者的免疫力低下，傷口還很有可能出現感染，假如可以透過功能性主食在食物成分上有針對性地進行調整，就可以很好的解決這個問題。

比如，針對手術患者臥床便祕的問題。針對後文提到傷口綻開的問題，功能性主食可以有針對性的進行調理，除了口感軟硬適中，味道喜人接受，還要加入高膳食纖維，這樣更有利於患者通便，還不易導致傷口綻開，以此來避免感染及二次忍受疼痛的痛苦。

再比如，根據數據顯示，床上患者有百分之三十都會出現應激性潰瘍和菌群胃腸功能變化。而針對這個問題，功能主食也會在攝取元素上做出調整，有效控制高糖、高脂，但對人體所需的功能油脂妥善的予以保留，從而更好地促進身體的健康修復。如今很多科學研究單位已經針對這類功能性主食開始了立項研究，希望能夠更好地提升食物的內在功能，來幫助

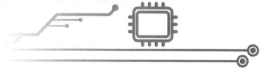

臨床患者，滿足他們這一時期的特殊需求，在吃好每一頓飯的同時，讓身體得到更好的調節，從而更快的走上術後痊癒之路。

當然，藥用功能性主食的應用範圍絕對不只局限於醫院，還將針對不同群體的需要，依照他們自身體質，身體情況給予不同的調理和支持。比如當下人們最常見的高血壓、高血脂、高血糖一類的三高慢性病，功能主食也可以針對病理問題進行自我調配，從而有效地幫助患者控制病情、緩解藥物壓力。

再比如懷孕的婦女，如何能夠保證自身營養的同時，給體內胎兒提供更充足的養分。針對孕婦們的困擾，我們會發現，有些準媽媽覺得懷孕期間自己擔心會出現諸如貧血、缺葉酸、糖尿病等諸如此類的情況，同時還對於自己身材走形這件事略有擔憂，偶爾一個小感冒，都可能讓她們擔心得睡不著覺。針對這些孕育中可能出現的問題，功能性主食可以針對孕婦的特殊需求，在營養搭配和食物要用元素的做出調整，幫助準媽媽有效預防甚至調整治療類似問題，幫助她們更好地度過孕育的人生特殊階段，既能擁有一個健康的寶寶，也能夠保持俊秀窈窕的健康身材。這一系列功能主食的好處我們在後面還會更詳細的為大家介紹。

隨著生物科技的不斷發展，功能性主食中所蘊含的科技含量將會越來越高，它將不僅僅局限於對食材提取濃縮，還將融入更多超出我們想像的加工方式，或許有一天很多藥物都將被新興的功能性主食所取代，諸如口感更美味，食用更健康之類的特質優勢將贏得更多消費者的青睞，而那時，我們人體自身的健康狀態也將有一個時代大跨越，功能性主食的攝入將直接延長我們的壽命，提升我們的生活質量，讓我們在掃清疾病的同時真正享有更幸福，更快樂的美好人生！

提煉精華，高效濃縮，打造精緻的康復主食

　　古時候人們之所以愛酒，是因為總覺的它凝聚了五穀的精華之氣，飲上一口，滿嘴全都是精華。而到了如今這個飛速發展的時代，人們所追求的精華理念，已經要比往昔向前邁進了一大步，他們渴望精緻，渴望營養的聚斂，渴望以最小的單位獲得最大的收益，而這一切在技術的革新下正悄然走進我們的生活，尤其是在身體的康復期，它所造成的作用真的超乎我們的想像。

　　提到水稻，東南亞婆羅洲的伊班農民向稻神帕迪祈禱時有過這樣的禱告語：

　　啊，水稻，神聖的水稻，你的豐饒，你的尊貴，你是我們至高無上的水稻。啊，神聖的水稻，我在這裡把你種植，照看著你的子孫，你的後代，把他們傳給下一代，傳給年青一代，代代相傳，不拖沓，不偷懶，防病防災；啊，水稻，請你一定要來看看你的子民。普朗迦納已賜福於你。請予救助，無厭倦，受責任。

　　這古老的祈禱已經延續數輩，每到水稻減產，不能茁壯成長的時候，他們都會以這種方式向神靈祈求，希望最終能擁有一個美好的豐收年。

　　其實一直以來，我們與食物都存在著馴化與被馴化之間的關係。就拿小麥來說，它起初不過是一種長在野地裡的植物，與當下路邊的雜草無異，但它偶然被人類發現，並依靠降服馴化了人們的胃而播撒到了世界的每一個角落。而人類在長時間辛勤的耕作過程中不斷的總結，將小麥轉化

199

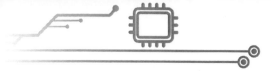

成了各式各樣的食物形態，例如，人們透過萃取技術，用小麥胚芽提煉出了胚芽油，從麥胚中提取無細胞蛋白，並將其製作成營養含量更高的蛋白食品，在這整個的過程中，人類也在變向的馴化食物，以此來讓他們更好的為自己服務。

舉個簡單的例子，人們面對水果時，心裡想的就是直接拿過來食用，但其營養成分並不能百分之百地被人體吸收，隨著技術的革新，一些人開始嘗試用葡萄這類的水果作為原料，經過發酵技術做成了酒漿，其精華含量遠遠高過於直接攝取葡萄。之後人們又發明了鮮榨技術，將水果用榨汁的方法將固體的水果經過處理加工變成了液體的果汁，飲食方便，也更有利於人體吸收營養。

再後來，人們又經過系統的科學研究，研發出了水果酵素，纖維飲品等營養價值更為豐富的食物產品，經過市場行銷推廣，深受大眾追捧，很多人甚至將酵素作為自己一天當中的主食，以此來保持身材、延緩衰老。由此可見，在食物產品進化過程中，人們每天都在採取各種不同的方式對食物進行馴化，提升它的營養價值，希望能在壓縮各項成本的同時，讓身體獲得更為高質量的滋養。

在不久的將來，食物技術很有可能向我們展現出它更富有技術含量的一面，隨著智慧科技的推廣，人們對食材進行馴化設計的過程很可能會越來越簡潔，越來越偏向於智慧，他們會透過 3D 技術對食物進行馴化技術，從食物內質核心出發，層層分析，全盤評估，定力出最為滿意的馴化方案，在透過下一步的智慧流程採取行動進行操作，這樣一來不但節約了成本，還能更迅速地推陳出新，為新產品的上市運作爭取更多的時間。

同樣，在我們人類新興主食晶片的飲食結構裡，功能性主食的提煉和研發也必然會經歷同樣的過程。起初我們將主食僅僅定位為碗裡的白飯，

但隨著主食理念的革新，我們碗中的主食將不再僅僅是一碗飯那麼簡單。試想一下，假如有一天我們碗中的主食不再隨取隨食，而是要經過高科技含量的濃縮提煉，以另外一種不一樣的形式出現在我們面前，那時的我們在面對主食的如此重大改變時，真的能夠欣然接受嗎？

任何新產品都有一個適應的過程。就好比曾經的我們覺得普通手機經濟實惠不願意輕易更換，可當蘋果 iphone 手機的新概念生活一步步滲透進我們的生活，我們自然欣然接受。飲食概念也是如此，新理念問世的初期，大多數人會因為各種擔心而死抓著保守的舊觀念不放，當這一理念真正滲透進生活的時候，曾經的概念也就隨之一點點的消亡了。

功能飲食帶給我們的價值不僅僅在於它的營養價值、藥用價值，更重要的是它為我們提供了一種全新的飲食理念，重新塑造了一種新型的飲食習慣，它的出現改變了我們固有的生活方式，讓我們作為目標人群針對自身不同的需要選擇自己最為適合的功能食物。在未來，很可能我們手中的功能主食量少得驚人，卻富含著高濃縮的幾種甚至幾十種的翻倍式食物精華，而且本著能被人體快速吸收的理念，功能性飲食也會對此進行細緻的加工和技術處理，也就是說，我們拿到手裡的不再是簡簡單單一頓飯，而是一碗濃縮高質量食物營養的精華。試想，假如一個人長期使用的都是這樣富有針對性的精華功能主食，相對於普通飲食的進食者，其所展現出的精神面貌和生命狀態肯定是不一樣的。

除此之外，功能性主食很可能會以更為新穎的形式出現在我們面前，為了節省時間，人們攝取營養的方式或許可以透過直接吸入的形式進行，它或許是一款小瓶的噴霧，一款類似牙膏一樣的擠壓食物，直接在口中輕輕一噴或擠出少許食用就可以快速實現能量補給，這種形式的食物可以廣泛用於軍隊作戰，也可以在醫院的 ICU 病房幫助那些需要快速吸收營養的

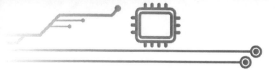

重病患者，為更多需求者提供更好服務。

　　功能性主食之所以功能性突出，其原因就在於將食物對象的選擇做了精粹，它將提煉和促進人體吸收的技術達到極致的同時，也在食物的比例分配上達到了極致，正是這一個又一個的精緻，才凝練出功能性主食超凡強大的功能性優勢，而細細想來，這一切又是多麼神奇，主食不再是單純的飯，我們內心渴望的也不再僅僅存續在一份單純的飽腹感，而是一份精華，它可以明確地告訴你：「你能從中得到什麼。」事實也的確如此，你真的因它承諾的功能而受益很多。

元素充足，物性調配，藥用效應化的功能主食發展機遇

　　功能主食的世界，最重要的必然是它的功能特色，它除了常規的營養保健，對於身體需要康復的人來說，也是可以造成一定的醫療輔助作用的，不可否認這是一個很好的機遇，也是一個利益大眾的發展方向，不但可以解決吃飯的問題，還可以解決吃藥的問題。假如元素搭配和口味調劑都很到位，即便是療效慢一點，對很多人來說也是受用的。

　　大家或許都有這樣的感覺，手裡花錢最多的地方有三個：一個是買房，一個是看病，再有就是子女教育問題。而其中自己最不情願消費的就是看病問題。無論大病小病，邁進醫院的那一刻就開始提心吊膽，心裡想著：「這次要花多少錢？我的病到底嚴重不嚴重？」於是人們便這樣調侃自己：「醫院這種地方，就是求著別人整治我，人家說吃什麼藥就吃什麼藥，人家說在哪兒開刀就從哪兒開刀，到了這裡咱自己做不了主，花多少錢全都得聽別人的，除非命不想要了，可誰捨得這條命啊？」

　　其實說實話，我們每個人對藥物都是深惡痛絕的，但面對疾病的困擾和一系列害怕病情會惡化的擔心，很多人開始下意識地將成把的藥送進嘴裡。試想，假如這個時候有一個嶄新的選擇，即便不用吃藥也能保證他們的身體健康，想必大家一定會把它看成是改變命運的福音吧？

　　正是為了迎了人們不想吃藥的心理，市場上的保健品才受到大眾的追

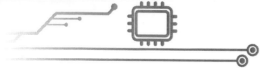

捧，很多保健品企業打著保健品不是藥、預防疾病保健康的廣告，一次來吸引更強大消費者群體。

有一個朋友對我說：「我家長期預備著很多保健品，現在生活質量比以前好了，最怕的就是得病，這些保健品反正也不是藥，提前準備提前吃，至少可以增強體質預防很多疾病，總比到時候病了再大把大把的掏銀子往醫院送強。」

我問他吃保健品的感覺怎麼樣。他沉默一會兒說：「說實話，吃的過程感覺跟吃藥沒什麼不同，都是這一小片那一小片的，吞服下去也沒什麼感覺，全當是買個心理安慰，至少那不是真正的藥，這些元素不是人體都需要嗎？跟吃下去就有三分毒的藥還是有區別的。這一點讓我覺得相對有安全感。」

人們已經在藥品與營養品這兩種調理身體健康的產品中做出了自己的選擇，他們開始相信營養元素能解決問題，就沒有必要透過藥物解決，即便它不好吃，即便它長得像藥片，但只要它不是藥，很多人還是欣然接受。假如從這個點進行延展，如果有一天功能性主食開始面向市場，把營養價值與治療價值進行有效結合，既能解決患者的病痛，又能補充他們身體所需的營養，同時還能有一個相對不錯的口感，而它向我們展現的形態，無非就是日常每天要吃的最平常不過的一碗飯，只要我們三餐照常吃，就完全可以達到滿意的效果。沒有了藥片視覺的壓力，沒有了藉著水按時吞嚥的痛苦，既能解決問題，還營養健康，這樣的主食產品怎能不被大眾所接受或喜愛呢？

我曾經和一位有經驗的營養專家探討過大眾關注的常見病問題，按照他的理念，其實假如患者可以依照科學的飲食搭配比例，拒絕不必要的美食誘惑，再加上合理的運動，大部分的常見富貴型疾病都是可以在飲食結

構的調整下得以控制治癒的。

　　他就接手過很多這樣鮮活的案例，有些曾經很嚴重的糖尿病患者，經過合理的膳食控制，將藥量一減再減，有些甚至成功的告別的藥物治療，保持規範飲食，幾年血糖都處於健康平穩狀態。

　　由此可以看出，從醫療角度，功能性主食產品的發展市場還是非常廣大的。有一天功能性主食麵向醫療市場，人們開始針對自己不同的病情需要，來選擇最適合自己的功能性主食，它源於天然食物提取精華，不是單純的微量元素，也不是概念中的營養品，更不是含有三分毒的藥。它的功能在我們一日三餐的進食中，可以有效地保證我們在食用的過程中看到滿意的效果。而此時，全新的飲食理念將重新變革我們的大腦，重新整理固有的主食晶片的飲食結構理念。它不僅可以補充人體所需的營養，還可以有效的改善疾病給我們健康造成的影響，倘若真能做到，那發展潛力無疑是空前絕後。

　　元素週期表裡有 118 種元素，人體中已經探明的就有 90 多種元素。而這些元素完全都可以從攝食的食物身上得到補給，當身體所需的元素均衡，身體也就呈現出健康良好的狀態，從這個角度來說，功能性主食是完全可以透過有效研發實現這一目標的。社會越進步，經濟越發達，人們願意付出更多的投入來維繫自己的身體健康，假如這個時候功能主食能夠有效解決患者身體問題的同時，滿足中產階層的內在消費需求，那麼它必將更好地推動社會大健康體系的未來建設。

　　為了讓大眾擁有更為強健的身體，功能性主食必然會把著眼點定位在如何滿足人們日益增長生活需要方面，以及對均衡營養和能量的需求上，這將成為里程碑式的開始，其中有多少機遇，不用說大家自己都是心知肚明的。

第四篇

主食晶片的展望

——飲食結構的重組，健康與美味多樣性的顛覆

　　時代的經濟實力越強大，食品的種類就越會朝著多樣化發展，在這個過程中，很多新興的食物類型和攝食理念會伴隨著人們生活質量的提高衍生出來，以至於這一切足以顛覆我們固有的飲食結構。此時我們的思想在轉化，我們大腦的主食晶片也在發生著改變，我們的系統在更新，而食物的結構也在人們日益高超的馴化過程中，不斷完善和重組，它們內在的功能精華將會得到全方位的開發，它們的成就方向將朝著人們所嚮往的方向不斷邁進。重組以後的飲食結構，相比於過去會更加美味健康，隨之而來的將會是新一輪升級版的種類多樣性。它將顛覆固有的食物品種，帶給我們更新鮮更有效率的別樣享受。

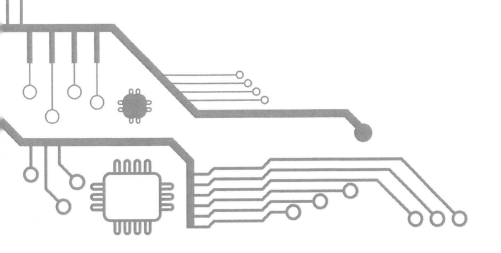

第十章
用吃飯讓身體恆久保持在最滿意的狀態

　　不管你從事什麼工作，都要經歷一日三餐，吃飯這件事關乎我們的生命，連線著我們的健康。為了能夠更好地保證生活質量，人們必然會在吃飯這件事上提出更高的要求，探索更高層次的課題。他們希望在攝食過程中，讓自己恆久保持在最為滿意的狀態，他們希望自己碗裡的食物功能強大、營養豐富，他們希望當自己處在生命旅程的特殊時期時，能夠讓送到嘴裡的食物成為自己擁有美好人生的強大助力。為此，人類將不斷地對各類食材進行探索，不斷開發其內在潛質和功能，從而讓它更好地為自己的健康服務。相信隨著時代的前進，人們身體的很多問題，都可以透過簡單的吃飯予以解決，這不僅僅是一個夢，因為它一定會夢想成真。

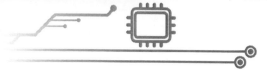
不同人生階段，不同的主食課題

　　人生的旅程是分階段的，不同的階段有不同階段的需求，對於主食而言，孩子的需求與成人不同，年輕人的需求與老人不同，最美好的飲食結構狀態，莫過於在最對的時間遇見最對的食物。對於功能主食而言，只有針對人生不同階段有針對性研發與創造，才能最大限度地滿足時代消費市場的需求，人們渴望在自己現有的階段，快速看到效果，這才是功能主食最有價值的展現，它無形地影響著我們的生活，也把我們帶到了一個更健康的美好時代。

　　中國古中醫認為，男人女人的成長過程是分不同的階段的，不同的階段，不同的身體表現，所應採取的調理方式也各有不同。這也就意味著，在我們每個人的成長歷程中，不同的年齡階段，應該有不同的飯食選擇，這是我們用一生研習的主食功課，關係到我們一輩子的健康，對每個人生命的長遠發展意義深遠。

　　《黃帝內經——上古天真論》詳細的記錄了男女成長老去的整個過程：

　　女子七歲，腎氣盛，齒更髮長。二七，而天癸至，任脈通，太衝脈盛，月事以時下，故有子。三七，腎氣平均，故真牙生而長極。四七，筋骨堅，髮長極，身體盛壯。五七，陽明脈衰，面始焦，發始墮。六七，三陽脈衰於上，面皆焦，發始白。七七，任脈虛，太衝脈衰少，天癸竭，道地不通，故形壞而無子也。丈夫八歲，腎氣實，髮長齒更。二八，腎氣

盛，天癸至，精氣溢瀉，陰陽和，故能有子。三八，腎氣平均，筋骨勁強，故真牙生而長極。

四八，筋骨隆盛，肌肉滿壯。五八，腎氣衰，發墮齒槁。六八，陽氣衰竭於上，面焦，髮鬢頒白。七八，肝氣衰，筋不能動。八八，天癸竭，精少，腎臟衰，形體皆極則齒髮去。岐伯曰：女子七歲，腎氣盛，齒更髮長。二七，而天癸至，任脈通，太衝脈盛，月事以時下，故有子。三七，腎氣平均，故真牙生而長極。四七，筋骨堅，髮長極，身體盛壯。五七，陽明脈衰，面始焦，發始墮。六七，三陽脈衰於上，面皆焦，發始白。七七，任脈虛，太衝脈衰少，天癸竭，道地不通，故形壞而無子也。

丈夫八歲，腎氣實，髮長齒更。二八，腎氣盛，天癸至，精氣溢瀉，陰陽和，故能有子。三八，腎氣平均，筋骨勁強，故真牙生而長極。四八，筋骨隆盛，肌肉滿壯。五八，腎氣衰，發墮齒槁。六八，陽氣衰竭於上，面焦，髮鬢頒白。七八，肝氣衰，筋不能動。八八，天癸竭，精少，腎臟衰，形體皆極則齒髮去……從這個過程來看，在人類成長的不同時期，要想獲得健康最大化，最好的辦法除了在最對的時間做好最該做的事情，最佳的養護方法之一，一定是調配好自己碗中的每一餐飯。正如孩子很小的時候，父母要給他選擇最佳的輔食一樣，只有真正做到營養均衡，孩子的體質才會更硬朗，眼睛才會更明亮，腦袋才會更聰慧。隨著孩子漸漸地長大，在不同的成長階段，主食的改良也應該緊跟進度，不斷做出相應的調整。

例如，女孩子月事剛來，儘管此時腎氣充足，但為了更好地調整體質，抑制諸如痛經、白帶異常、崩漏等一系列的婦科問題，就需要在暖宮補氣血方面多下下功夫，而這個時候，紅棗、生薑、枸杞、大棗等食材完全可以經過萃取，提煉到功能性主食的內容當中去。每到女孩子月事快來

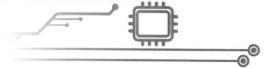

的時候，媽媽就可以提前將她的功能性主食預備好，既可以保證月經期間不難受，還可以利用這段特殊時期有效地調整自身體質，諸如經前頭痛、嗜睡、浮腫、厭食、情緒差、經前冒痘等諸多問題都可以得到及時調理。假如能在每月的這個階段循序漸進，按照階段進行自我調整，相信很多女孩子步入成年以後，就沒有了面對婦科病的尷尬，身體更輕鬆，整個狀態也會更有活力。

　　當然這只是新興主食晶片中最小系數的一個展望，它的功用可以經過配方與新興技術的結合給我們帶來更多的福利。試想一下，假如有一天，我們可以在自己不同的成長階段，找到最為合適的功能主食，針對這一階段的身體需求給予自己最完美的補給，那麼整個人生的健康情況必然會發生翻天覆地的改變。

　　一個朋友談笑著說：「有一次，去了一家寵物商店，上面的寵物的食物標的很有意思。例如：『寶貝三月食』，『狗狗一歲食』讓人覺得現在寵物活得都那麼精緻。」

　　事實上，未來的功能性主食很可能顛覆我們原本的食物購買取向，讓我們對照自己當下所處的年齡階段，以及身體體質情況，在不同的年齡段去尋找最適合自己的功能主食產品，而到那時，不同口味，不同配方，不同搭配比例的功能性主食也必將迎來屬於我們的全勝時代。它方便快捷，能很快幫助我們看到成效，並根據我們的年齡成長段位來量身打造，更適合我們身體的內在需求，而那個時候的我們因為徹底接受了這一新型的主食晶片飲食結構，會變得越來越健康，越來越長壽，越來越年輕，如果再進行更遠的暢想和展望的話，或許有一天人類利用功能性主食和尖端科技實現永生也並不是不可能的事情。

　　世界每天都是嶄新的，它不斷敦促著人類為改變自己命運提出新的課題，而在我們整個人生的歷程中，又何嘗不是在經歷著一系列問題的考驗，功能性主食的出現，必將經歷無數的科技洗禮，才能越來越與我們人體需求相應，而在這一個個有待挖掘的課題中，我們不但看到了自己不同階段的需求，同時也對自己碗裡的飯有了更美好的期待。希望在不遠的將來，我們碗中的功能性主食能給我們帶來更多好處，但願這美好的一天不要讓我們等得太久！

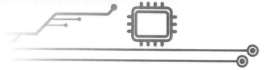
手術創傷的病人需要的功能主食

大家都知道，人一動了大手術，元氣就會受到很大的傷害，身體的困擾也會隨之而來，甚至連如廁都可能導致傷口重新綻開，針對這一系列的問題，人們迫切希望透過優化的飲食來更好地解決問題，這也正是為什麼功能性主食的研發受到臨床醫學的關注和重視。

人們常說：「傷筋動骨一百天。」假如是經歷了一場大手術，那身體肯定是要人為性地受到創傷，所消耗的元氣，可謂空前巨大。對於術後的患者而言，身體不但要忍受傷口癒合的疼痛感，在元氣恢復方面，必然要對飲食做出更好的選擇，有些能吃，有些不能吃，有些要多吃，有些要少吃，這裡面內涵的學問非常深也相當廣，總結起來，就是要優化身體所吸收的營養成分。可對於一般人而言，對這方面的知識甚少，又不是所謂的專家，究竟應該以什麼渠道更好地調理自己的身體呢？

其實，針對經歷了手術創傷的患者來說，有很多特殊的情況都是與正常體質存在一定區別的，例如，免疫力低下，傷口極易感染，臥床時間太長而導致的便祕，術後恢復中出現的應激性潰瘍，菌群胃腸功能紊亂等多方面的問題，都是在臨床上非常常見的，如何快速有效地幫助患者應對諸如此類的困擾，幫助他們更好的度過自己的恢復階段，將成為臨床型功能性主食所要解決的核心問題。

事實上，儘管現在世界的醫療水準越來越發達，醫藥行業得到了迅速的發展，很多藥物對人體作用很快，但究其本質，它也針對人體病態情況

進行藥物治療，與食物的中和性修復還是存在一定差異的。儘管食物不能代替藥物在人體中發揮作用，但其內涵的豐富營養，的確對人們病體的康復存在積極價值。而作為功能性主食，又是如何做到幫助患者有效調節身體，快速恢復健康的呢？這一切要從患者可能接觸到的各種病患問題說起。

恢復元氣

術後患者在恢復元氣方面一定要補充一定量的微量元素，不同的微量元素針對患者的特殊情況，具有自身特色的調理作用。例如，鋅元素，可有效縮短傷口肉芽的行程時間，提高肌肉生產膠原纖維的能力，從而有助於傷口的快速癒合。碳水化合物是熱能的主要來源，占總熱能量的 60%-70%，如果術後沒有及時補充碳水化合物，那飲食蛋白將作為熱能被消耗，對患者身體的康復十分不利的。此外，及時補充術後維他命也是非常有必要的，維他命與創傷及手術傷口癒合有著很密切的關係，假如營養狀況良好，患者在術後水溶性維他命比正常的需要高出 2-3 倍，而且一定量的維他命本身就是膠原蛋白合成的基礎原料，而膠原蛋白又是傷口癒合所必需成分。此外，維他命中的維他命 B 群與碳水化合物之間存在密切的關係，對傷口癒合也有極大影響。

作為功能性主食，這些微量元素的補給絕對不能缺少，它必然會在廣泛食材中進行煉選，經過細緻的加工技術，將各路食材的營養元素進行有效重組，將其內在的功能性最大限度的開發出來，以此來更好的幫助患者達到迅速恢復元氣，修復傷口的效果。

因臥床導致的便祕

很多患者在術後因為傷口未痊癒不得不長時間臥床，因為沒有活動量，所以很容易造成便祕，雖然這看起來是小事，但稍加不注意很可能就

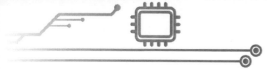

會對正在修復的傷口造成很大的影響。術後康復階段的患者，因為便祕，其所施予的壓力高過股壓，上廁所的時候很可能導致傷口綻開，嚴重的還可能還會造成感染。

針對這個問題，功能性主食必然會在其內涵中加入一定量的膳食纖維，和活化因子，來幫助患者有效的緩解便祕的困擾，能夠更順暢的將體內垃圾排除體外。

腸胃菌群紊亂

對於正常人來說，腸道菌群是按一定的比例組合的，各菌間互相制約，互相依存，從而形成了一個平衡的生態系統，一旦我們的機體因為外部環境的改變而發生變化，例如，因為術後消炎，而服用了過量的抗生素，敏感腸菌就會因此被抑制，而未被抑制的細菌就會趁著這個機會大量繁殖。從而引起菌群失調，原本正常的平衡狀態就會被破壞，從而產生病理性組合，引發胃腸菌群失調症。

針對這個問題，功能性主食就要針對失衡的菌群狀態進行調整，釋放對應的活化因子，及時恢復菌群相互制約，彼此依存的平衡狀態，從而在最短的時間針對胃腸菌群失調的症狀進行調整，確保患者身體長時間保持在健康平穩的恢復狀態。

當然功能性主食作用於臨床的專案還有很多，例如，我們前面講的針對 ICU 重症監護室的重症患者生活不能自理，意識不清的重症狀態，從進食角度來說，功能性主食也可以發揮相當不錯的作用和效果，不論是導管型功能性主食，還是噴霧式吸入型功能性主食，都可以在不同情況下幫助患者克服營養難以吸收的病狀難題。

　　在醫學臨床上，功能性主食的應用框架正在逐漸成型，相信在不久的將來，它將會以全新的形式和面貌與大眾見面，術後患者將會在藥食雙向調理的過程中，快速的恢復健康，重整元氣，而功能性主食作用於醫療臨床的效果，也會逐漸彰顯出來。它將更好地在各個方面為人類服務，儘管我們不知道功能性主食的發展潛力有多大，但至少有一點不容置疑，它的出現會優化我們的就醫條件，術後康復，恢復體能的過程將不再困難，假如科技再向前邁進一個檔次，或許在不久的將來，手術與康復的時間都會有效率的縮短，人們傷口的癒合速度會加快，其速度有可能超乎我們的想像。

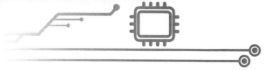

瘦身減肥型的功能性主食

　　這個時代已經把大眾引向一個全民瘦身的主流方向，大家以瘦為美，覺得瘦是一種健康的表現。因此很多愛美人士為了能夠達到自己滿意的樣子，不惜採取一切辦法來完善自己的身材。正是源於此，各種瘦身藥、瘦身產品開始面向市場，受到萬千大眾的推崇和關注。事實上，健康的瘦身要考慮到很多因素，想要瘦的健康，絕對不能不吃飯，那麼究竟每頓飯該怎麼吃？或許在功能性主食世界裡，你會找到一個更為滿意的解釋和答案。

　　其實對於減肥而言，很多人都覺得那是一件很痛苦的事情，脂肪越多，運動量就要越大，而且吃飯也相當注意，否則一個不留神，運動消耗的哪點脂肪就會不減反增，成為一件越來越讓人頭疼的事。

　　我在無意中翻看了《瘦身男女》這部影片，不禁被劇中的男女主角感動，它很清晰的展現了增肥和瘦身的過程。Mini 因為失戀開始自暴自棄，暴飲暴食。飲食失去控制以後，從一位窈窕淑女變成了體重 260 磅的超級肥妹。而她與初戀定下了十年之約，相約十年以後在日本想見。

　　眼看時間馬上要到，Mini 遇到了朋友肥仔，兩人因為同病相憐很快成為了知己。為了幫助 Mini 有勇氣去見初戀情人，肥仔幫 Mini 制定了 45 天的地獄式減肥方法，踩單車，拉油桶，拿著雞毛撢趕著 Mini 堅持下去，甚至在街頭被揍換取酬勞來幫助 Mini 瘦下去。最終恢復原樣的 Mini 與初戀如期相聚，但她始終對曾經幫助過她的肥仔念念不忘，還是放棄了初

戀，去尋找肥仔。

如果有一天有這麼一款主食，能讓你在無形中一邊吃飯一邊瘦身，而且味道還很不錯，那將是一種怎樣美好的美食體驗呢？

據老人回憶，過去經濟不好時的胖子很少，走在大街上，大家的體型一般都屬於標準範圍，偶爾碰到一個胖一些的，大家就會多看兩眼，羨慕地說：「這個人家裡日子一定過得不錯，一看富態樣就有福氣。」

而現在，很多小孩子還沒上小學就已經成了小胖子，沒跑幾步就氣喘吁吁，嚴重影響了體質健康。很多年輕人每天加班熬夜，飲食不規律，體態也開始臃腫起來，諸如常見的大屁股、水桶腰、大象腿、蝴蝶袖等等，這些肥胖不斷地摧殘著他們對於美感的追求。可天天運動自己工作又不允許，稍微飲食沒控制好，體重馬上飆升，每當看到電子秤上又多了數字，內心就會倍受打擊，這樣下去可怎麼辦啊？

如今很多減肥食譜在網路、雜誌上瘋傳，諸如 10 天減去 10 斤這樣的頭條，吸引了無數想變得更好看的年輕男女。而每當談到美容話題的時候，人們想到的一般都是諸如：「既要少吃又要會吃」這樣的話題。

電視新聞關於減肥的報導有很多，一些女孩為了能夠減肥成功，患上了厭食症，甚至用不吃東西服用減肥藥這樣的方法殘酷地虐待自己，最終導致身體嚴重的低血糖，每天頭暈耳鳴，睡眠質量差。這種不健康的減肥方式實在是太不划算了。

有很多減肥藥品，之所以具有減肥的功效，主要因為其含有一種叫做西布曲明（屬於中樞神經抑制劑）的元素，是一種五羥色胺抑制劑，也稱為情緒抑制劑。這種抑制劑對食慾，情緒以及身體狀況的影響較大，透過這種方式來抑制食慾，副反應就會造成精神疾病的發生率變高。還有在市場上合法售賣的一種富含奧利司他元素商品名賽尼可的減肥藥，它是一種

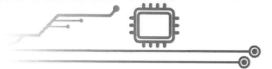

脂肪酶抑制劑，但對於每餐脂肪含量攝入不高的人，減肥效果就沒有那麼明顯。由此看來，單純的服用減肥藥，效果未必會有我們想像那麼好，真正想達到減肥的目的是由諸多因素驅動的。

那麼究竟有沒有什麼方法，既可以滿足飽腹感的味覺，又能讓身體吸收到可吸收的營養，同時還能有效的抑制或減輕我們的體重呢？

其實，長時間以來，很多食品科學研究開發機構，都將目光著眼於人類減肥這件健康大事業上。

縱觀市場，有很多種與功能性主食相似的減肥產品問世，例如，能夠增強飽腹感的代餐奶昔，能夠替代飲食的代餐粉，或者是一些沒有任何脂肪能量含量的減肥餅乾，它們一經問世就被大眾推崇到了時尚前沿，願意為此買單的人可謂空前絕後。而事實證明，很多人在服用了這一系列的產品以後，確實也達到了減肥的目的，但真正論及到對身體是否能達到零傷害，是不是真的可以保證人體所需營養及時供給不流失，那就要在心裡打上一個問號了。

一味用減肥產品減肥，或是過分相信控制食慾不吃飯，對於自己身體來說真的傷害不小，而且從長遠的減肥目的來看，很可能收效也不是那麼明顯，稍微不注意，體重反彈的機率是很高的。而真正健康的減肥方法，就是能夠合理調整自己的飲食結構搭配，有選擇的攝取營養成分，再加上科學的作息時間和合理的運動，才是最理想的減肥方式。

這時候有人會說，那也實在太麻煩了，一家人坐在一起吃飯，就你要講什麼減肥營養搭配，掌勺的親人說不定就要增加很多額外工作，而且即便真的配合著去做，也未必能夠達到你滿意，家庭關係是很受考驗的。可如果不按照飲食計劃實施，瘦身的夢想就無法實現，那到底該怎麼辦呢？事實上，假如你選擇了主食晶片中的功能性主食系統，這點小事根本不成問題。

　　相比於現在市面上的這些減肥食品，功能性主食講求的是營養配方的黃金比例，以及從原始食物中的精華萃取技術，舉個例子來說，我們知道薏米、紅豆、冬瓜等一類的食材具有很好的瘦身效果，可你要把這些食材找來進行烹煮，煮一大鍋自己也吃不了，口感上自己也未必能接受，但假如採取萃取精華的方式，讓食物營養經過科學的加工得以最大限度提煉，最終濃縮成一袋營養價值極高，可以快速達到瘦身目的的功能主食餐，那感覺就要比前者好得多。透過科學的調味，這包功能性主食的口感會更迎合大眾的口味，不論是從市場價值還是從利潤回報上看都是非常可觀的。

　　每個人都想讓自己長時間保持苗條身材，每個人又從某種程度上存在惰性，而功能性主食，完全可以針對人們這些問題做出調整，讓人們以簡單快捷的飲食結構中輕鬆實現自己的瘦身目標。既不用耽誤太多的時間，又沒必要把自己搞得多麼疲憊，只要一日三餐好好吃，營養就可以攝入均衡，而且還能有效促進新陳代謝、脂肪燃燒，這樣完美的食物，想必還沒推向是市場，就已經要被人想瘋了。

　　與食用其他減肥食品相比，功能性主食還可以針對不同體質不同部位的肥胖做出調整，例如，有人體質偏寒，不適宜使用包含過於寒性食材的功能性主食，那麼他就可以選擇一款適合自己的更好調節脾胃的，以溫熱型食材為主的功能性主食。有些人上半身不胖，卻對下半身體型不太滿意，那麼功能性主食也可以對這個問題有針對性的在主食配方上做出調整。

　　我們相信，隨著技術的提升，功能性主食的款式也會越來越多樣化，它將為人類更高層次的大健康需求服務，成為千家萬戶新飲食結構下的主食福音，幫助我們成就一個更滿意的自己。

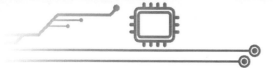

修復容顏的功能性主食

　　每個人都希望自己能夠長久保持俏麗的容顏，然而歲月無情，免不了要在我們的臉上留下歲月的痕跡，同時，痘痘、色斑這樣的問題會讓自己頭疼。假如這時候能夠有這麼一款功能性主食，讓我們在一日三餐中有效調節身體，最終消除這些容顏上的困擾，由內而外的修復容顏，那該是一件多麼幸福的事啊？現在，我們的夢想正在一步步向現實靠近！

　　人上了歲數，臉上就開始出現各式各樣的皮膚問題，先是眼睛出現細紋，魚尾紋，然後緊跟著脖子皮膚開始鬆弛，再然後臉上三角區部位、嘴角都開始出現不同程度的皺紋，讓原本水分飽滿的皮膚開始乾瘦，顏色開始暗沉下來，整個人的精神面貌就會表現出明顯的老態，這是所有人都不願意看到的。

　　那麼究竟有沒有什麼方法能有效的調理皮膚，讓自己青春永駐呢？

　　正所謂愛美之心人皆有之，如今市場上琳瑯滿目的化妝品可以說數不勝數，有純天然植物萃取精華的，有古中醫驗方調製的，有膠原蛋白修復的，用肉毒桿菌，玻璃尿酸，等生物成分，化學成分的，不管是哪種，只要一推向市場立刻就會收穫大批的追捧消費者。由此不難看出，在修復容顏這件事上，需求空間可謂是恆定的廣大。當人們在衣食住行上得到一定程度的滿足，首先想到的就是能夠讓自己長時間保持更年輕的狀態，誰能滿足消費者的心理，誰就占據了足夠的利潤空間。

　　其實，對於修復容顏保持青春永駐這件事，僅僅依靠外調是無法從根

本上解決問題的，很多女性朋友為了能夠讓自己相貌長期保持在年輕態，不惜花重金動手術，在自己臉上開刀，甚至以注射的方式，將一些所謂的活性物質注射進皮膚，當時看上去確實很有效果，但真的禁不起時間的推敲。有一位愛美的女士感言：

我用了美容注射的方法，當時覺得自己一下找回了自信，可是不到半年，發現自己的狀態一下回到了「解放前」，於是沒有辦法，還得花錢再去打，最近覺得自己臉好像僵化了，表情麻木，笑起來一點都不自然，於是心一下慌了，早知這樣，說什麼也不會做出這樣的選擇。

由此可見，單純以外部干預的方法解決容顏修復問題並不科學。人體是一個小周天，其內在環境的每一個變化都會在我們外在皮膚、感官上清晰的展現出來。臉部不同的位置，也表現出我們不同內臟器官的健康狀態。也就是說，假如您發現自己的容顏在某個部位出現了一些特殊的情況，那就是身體在暗示你，你體內的某個臟器出現了一些問題，需要及時進行養護和調理了。

中國古中醫就曾經根據人的面色，發明了望診這門診治疾病，判斷病情的學問。其中最有名的一個案例就是扁鵲見蔡桓公這個歷史故事：

扁鵲進見蔡桓公，在蔡桓公面前站了一會兒說：「您在肌膚紋理間有些小病，不醫治恐怕會加重。」蔡桓公說：「我沒有病。」扁鵲離開後，蔡桓公說：「醫生就喜歡給沒病的人治『病』，以此來顯示自己的本領。」過了十天，扁鵲再次進見蔡桓公，說：「您的病在肌肉裡，不及時醫治將會更加嚴重。」蔡桓公不理睬。扁鵲離開後，蔡桓公又不高興。

過了十天，扁鵲再一次進見蔡桓公，說：「您的病在腸胃裡了，不及時治療將要更加嚴重。」蔡桓公又沒有理睬。扁鵲離開後，蔡桓公又不高興。

過了十天，扁鵲看見桓侯，掉頭就跑。蔡桓公特意派人問他。扁鵲

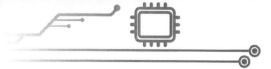

說：「小病在皮膚紋理，湯熨的力量所能達到的；病在肌肉和皮膚裡面，用針灸可以治好；病在腸胃裡，用火劑湯可以治好；病在骨髓裡，那是司命神管轄的事情了，醫生是沒有辦法醫治的。現在病在骨髓裡面，我因此不再請求為他治病了。」過了五天，蔡桓公身體疼痛，派人尋找扁鵲，扁鵲已經逃到秦國了。蔡桓公於是病死了。

　　人類之所以衰老，最重要的原因是他們沒有養護好自己的內臟，過早消耗了自己的經血之氣，在飲食上也不夠注意。其實，只要是能養護好自己的經血氣，保持脾胃功能的活力，想青春永駐並不是多難的事情。而想把自己的內臟調理好，未必一定非得吃多少名貴的藥品，只要能夠認真吃好自己的一日三餐，配合規律的作息時間，吃得下，睡得著，排得出，人就可以很順利地做到容顏不老。

　　作息時間和運動計劃是我們需要在行動上堅守的，而飲食的營養搭配，則對我們的知識含量提出了更高的要求，假如你對這一領域了解得不專業，卻想以最少的投入看到最大的效果，那麼功能性主食不失為一個不錯的選擇。

　　說到食物的不同屬性和作用，中國古中醫在很早以前就對其進行了很明確的分類，將食物分為寒、熱、溫、涼四個部分，不同食材在人體中歸屬於不同的經絡，有效的幫助我們調節臟器的健康。中醫常說五色潤五臟，五種不同顏色的食材對應的是人體最重要的五個臟器，假如能有效地將其利用，將會對我們的五臟造成很好的調節作用。只要臟器活力不減，人的容顏自然也就不會衰老。所以我們看到有些老人雖然上了年紀，卻依舊鶴髮童顏，紅光滿面，主要原因就在於他們能夠有效的調節身體機能，使自己的五臟長時間保持在健康活力的狀態。

　　因此，我們要想擁有不老的容顏，飲食上一定要提前做好功課，而功

能性主食可以針對我們體質的不同情況，在配方食材比例上做出有效調整。例如，有些人面色無華，需要調理脾胃，那麼在功能主食的配方比例上就要加入一些可以健脾養胃的食材，讓脾胃慢慢恢復強健，從而重新煥發出健康活力，達到有效提亮膚色的效果。有些女士之所以膚色暗沉，是因為出現了卵巢早衰的現象，那麼在功能性主食中，就應該針對這一項婦科問題，提煉恢復卵巢活力的食物元素精華，讓她在飲食的過程中，不斷啟用修復卵巢的活力，從而在身體越來越健康的前提下，重新找回自己俊美的容顏。這一切真的可能嗎？當然可能。

目前很多相關科學研究機構都在針對這一系列的需求，開展著自己的科學研究專案，而未來的高科技的功能性主食，很可能會以我們完全意想不到的全新面貌出現。

維他命 C，維他命 E 有天然抗氧化的作用。葡萄籽裡富含的花青素也是強力的抗氧化劑。SOD（超氧化物歧化酶）是一種源於生命體的活性物質，能夠消除生物體在新陳代謝過程中產生的有害物質，也具有抗衰老的特殊效果。

試想一下，假如有一天，我們所吃到的功能主食以這些元素為基礎架構，並加入了更為豐富的內容養分，其功能性在高技術含量的運作加工下，將給我們帶來怎樣非比尋常的享受？

或許在未來，我們會在商品貨架上看到針對不同受眾群體而特殊研製的煥顏功能性主食，不論是淡斑型、祛痘型、抗皺型，還是提亮膚色型，每一款都有著自己獨立的配方，在營養結構上自成一體。那個時候，人們的主食晶片飲食結構，必將更偏向於主食功能和功能效率，至於大家能不能放棄舊有飲食結構給自己帶來的味覺快感，要看當時主流時尚的價值取向。人們的思想、行為、選擇每分每秒都在發生著變化，誰能順應主流的變化，誰就能搶占市場，發現商機。

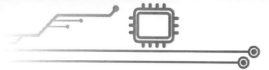

恢復精力旺盛的男性功能性主食

隨著工作壓力和生活壓力的加大，很多男性朋友陷入了亞健康狀態，他們開始焦慮，對很多事情力不從心，甚至感覺記憶力開始下降。此時的他們迫切希望能夠找到一種簡便的途徑幫助自己提升精力，而功能性主食，恰恰可以利用自身的優勢很好地幫助他們解決這個問題，簡簡單單的一頓飯，就能量快速地在體內吸收轉化，幾分鐘後，疲憊的身體如獲新生，這是多少人夢寐以求的事啊！

前段時間有個女性朋友抱怨她的老公：

談戀愛的時候他跟我說，以後你就在家負責貌美如花，讓我來負責賺錢養家，可現在你再看看他，每天無精打采的，回到家幾乎沒有表情，就知道往沙發上葛優躺，你跟他說句話都懶得搭理你，這樣的婚姻還有什麼勁啊！

或許很多男性朋友聽了這樣的話心裡會覺得委屈，自己每天上班很辛苦，朝九晚五還好，遇到加班時就跟打仗一樣，女人總覺得自己帶孩子辛苦，卻不曉得他們的壓力有多大。

據世界衛生組織的調查結果顯示，全球大約有 35% 的人正處在亞健康狀態。而在整個亞健康人群中，中年男性所占的比例竟然高達 75%，職業男性亞健康狀態所占比例則更高。由此不難看出，改善男性亞健康狀態是當今社會最急於解決的一個問題。

　　或許很多男性朋友，都有過類似的體驗，總覺得幹什麼都提不起興致，精神很疲憊，脾氣越來越焦躁，四肢沉重，晚上睡眠緊張。時間長了，就擔心自己的身體出現大問題了，可到醫院檢查後，發現什麼問題也沒有。但工作時又覺得力不從心，提不起興致。如果是這樣，說明你的身體已經處於亞健康狀態了。

　　目前很多男性朋友因為忙，在飲食上沒有規律，早餐總是隨便吃，到了中午工作忙不完，工作餐也是湊合。晚上本應該少吃有利於健康，卻抵不過家裡豐盛飯菜的引誘，自然會吃得意猶未盡。當然如果你事業心太強，那麼越是到了晚上越是要忙於應酬，拖著醉醺醺的身體回到家，已經無心再做任何事情，長此以往，就有可能患上脂肪肝、酒精肝，以至於自己都覺得想有一個好身體簡直是一種奢望。

　　那麼如何才能有效提升男性精力，能夠讓他們更專注於事業，更好地經營自己的生活，維繫家人的安樂呢？除了平時注意養成良好的行為習慣外，其中一個很重要的部分就是要注意飲食。

　　而功能性飲食結合男性脾胃運化功能減弱，肝臟壓力大，腎氣不足，神疲乏力等多種症狀，功能性主食會進行有針對性的營養開方，將所需營養元素進行有機排列，並對食物進行合理馴化，進行智慧化科技加工，最終呈現出一款具有強大功能的，能夠有效幫助男性朋友恢復體力、精力的功能性主食。

　　功能性主食營養豐富，包含維他命 B 群、維他命 C、維他命 E、膳食纖維、番茄素、卵磷脂、腦磷脂、穀氨酸、藻膠酸、甘露醇、鉀、碘及多種微量元素，它能幫助男性朋友有效對抗工作中的疲勞情況，幫助他們快速提升能量、精力，以更飽滿的狀態投入到工作中去。

　　事實上，對於男性朋友來說，對功能性主食的選擇更偏重於實用化，

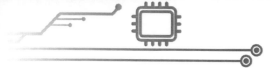

功能性主食在他們眼中首先是商品，其次才是食物。既然是商品，就存在價值，所以他們首先考慮的是自己付出了一定價格的成本以後，究竟能從中得到哪些好處？這份食物有什麼功效？多長時間見效？

功能性主食提升時效，將會成為今後科學研究立項的課題，如何能夠讓食物在進入人體後快速進行良性運作，如何能夠快速的讓人體會到它對自己產生的作用和效果，這說起來容易，想做成功確實存在挑戰。所以，針對男性朋友工作繁忙，沒有過多時間來調節自身飲食的情況，功能性主食必然會及時對自己的結構進行調整，它不會耽誤他們太多時間，力求以最極簡的形式為他們的身體提供營養。

一小份功能性主食，其富含的內容含量，相當於一頓種類豐盛的大餐。僅需要幾分鐘的時間，就可以幫助人體得到很好的能量不及，而且還能做到百分之百的有效吸收，減少臟器運化的壓力，吃完飯，閉上眼睛休息一刻鐘，馬上就可以恢復到精力充沛的狀態，而且精神愉悅，對下面的工作也更有信心了。

說了這麼多，大家是不是已經開始對功能性主食時代的來臨充滿期待了呢？其實從現在的發展形勢來看，這樣的等待並不會很漫長，當人們的內在需求與科技發展速度保持一致的時候，隨之衍生出的產品必然會以最快的速度投入市場。假如有一天，功能性主食成為男性朋友公文包裡必帶的快捷主食產品，經過不到一分鐘的處理就烹製成型，三分鐘到五分鐘以後飲食完畢，這樣顛覆型的飲食概念，自然也會成為一大亮點。

改變我們主食晶片的功能性主食就有這樣的魔力，它總能讓我們放下一些誘惑的同時，有更多的時間和力氣做最重要的事情。倘若你可以全然接受它、體驗它，那你的生活效率和工作效率一定會有所改變，並且是朝著你理想的狀態來改變！

慢性疾病的調理形主食

　　人到了一定歲數，如果不注意身體就很容易生成諸多慢性疾病，雖然不至於搭上生命，但每天與慢性病朝夕相處，確實煩心，誰也不願意還沒吃飯先吃藥，動不動就往醫院跑。但如果有一天能夠有一款這樣的主食，專門針對慢性疾病進行調理，以此來改善藥物治療的局面，那對於自身的健康應該是大有益處的。這恰恰正是功能性主食的前進方向，人們總是為自己的需求，在不斷的探索中尋覓解決難題的金鑰匙。

　　隨著生活條件越來越好，人們的飲食選擇越來越豐富，也正是因為這個原因，大家就開始在飲食結構上出現各式各樣的問題，與此同時伴隨著工作壓力的加大，人們的運動量也越來越少，作息時間也越來越不規律，凌晨一兩點精神還在興奮狀態，很多人年輕的時候沉迷於夜生活的美好，等到以上了歲數就發現自己的健康出了問題，人到中年，好幾種慢性病找上門來，而醫生給自己的答覆是：「堅持吃藥吧！說不定這病你得帶一輩子了。」

　　我們在聚會時經常會發現一些年輕朋友點了菜還沒動筷子，就開始說：「哎呦，對了我得先吃藥。」於是從包包裡拿出個瓶瓶罐罐，找服務員要來一杯白開水，先得把這左一小片右一小片的「小零食」塞進嘴裡，然後才如釋重負，開始享用美食，一邊吃還一邊說：「怎麼餐廳裡的菜都得放糖了，我還不敢點甜口的，最近這血糖啊……哎！慢性病！真沒辦法！」

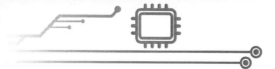

那麼什麼是慢性病呢？

從醫學角度來說，慢性病的學名是慢性非傳染性疾病，不是特指某種疾病，而是對一類起病隱匿，病程長且病情遷延不癒，缺乏確切的傳染性生物病因證據，病因複雜，且有些尚未完全被確認的疾病的概括性總稱。從健康角度來說，慢性病的危害主要是造成腦、心、腎等重要臟器的損害，嚴重的還可能造成傷殘，影響勞動能力和生活質量，而且所要花費的醫療費用極其昂貴，無形中加重了個人生活成本，甚至給整個家庭帶來沉重的經濟負擔。

針對這個問題，中外各大科學研究機構在不斷進行研究，希望能夠找到切實有效的方法，快速解決慢性疾病給人類健康帶來的傷害。但至今為止，儘管藥品在一代代進行改良和更新，但對病情只能是造成更好的控制作用，想要徹底根除，則需要患者與醫生建立更為長久的醫患信任，從用藥、飲食，作息時間等各個方面進行全方位的調整。

飲食絕對是調整慢性疾病的一個非常重要的環節，只要飲食搭配合理，在配合科學有效的作息運動，很多慢性疾病在初始階段是可以有治癒希望的。

我有一個朋友，單位體檢發現他的身體出現了三高的情況，醫生的意思是他需要進行服藥治療，而且很可能終生脫離不了藥物。起初他很沮喪，但經過一番審慎思考，他決定透過自我調理的方法控制病情，於是他為自己做了很周密的飲食計劃，每天吃幾兩菜，幾兩肉，放多少鹽，用多少油都有一個非常明確的標準，除此之外，他還每天堅持快步運動十公里，幾個月下來，再去檢查身體的時候，發現一切指標都正常了。於是，他繼續保持自己的飲食結構，到現在也沒有出現任何病理反應。

或許這個時候有些朋友會說：「我每天上班那麼忙，哪有那個時間每

天給自己安排那麼精細啊？每天早上有什麼吃什麼，到單位工作餐有什麼吃什麼，好不容等到了晚上，卻說吃得太好會影響健康，這不是要人命嗎？這樣的情況，我究竟該怎麼吃呢？」

其實說到這樣的困擾，想必很多上班族都深有同感，每個人都希望自己能擁有一個更為健康的飲食結構，可儘管我們自己心裡知道，但因為各種原因的不可抗力，還是無法科學調配自己的飲食，而這樣時間久了，肯定不是什麼長久之計，到底應該怎麼解決呢？

方法其實也很簡單，每天包裡放上一兩包針對自身慢性病搭配好的功能性主食，到了飯點定期食用，一切就可以輕鬆搞定。在功能性主食的科學營養配比下，我們不用再擔心什麼該吃什麼不該吃，我們也不用擔心吃過了量就會引起慢性病發作，一切配比定量絕對能達到剛剛好的範圍，既可以有效地吸收營養，又能夠造成調節慢性疾病的作用效果。

現在說到慢性疾病，人類在飲食調理上還局限於一日三餐的葷素營養搭配，偶爾推出一個近似於功能性食物的產品，大家也會審視對待，心中不斷的產生疑問：「這東西，真的能解決問題嗎？」

實話說，如今的消費者，除了注意產品質量以外，更重要的一點就是很在意自己花出去的錢能給自己帶來什麼。尤其是對身體健康這件事上，越是有產品說能為自己解決問題，心裡就越是謹慎，儘管很需要，但至少也要能看到效果。

功能性主食的作用就在於，它可以有效地利用藥食同源的道理，針對人們每天要經歷的一日三餐，做出更為合理的飲食規劃，它省去了繁瑣的食材選擇過程，所有一天所需的營養一個小餐包就全方位解決了。飲食結構科學了，攝食營養均衡了，每天都是不多不少剛剛好的狀態，時間一長身體自然就會朝著更健康的方向發展，慢性疾病也就自然而然的隨之消失了。

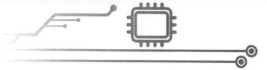

　　人之所以會生病，第一源於情緒，第二就在於飲食，假如我們能夠認真吃好每一頓飯，長時間保持營養健康的黃金比例，保持樂觀愉悅的精神狀態，按時休息定時排泄，即便是想得疾病都沒那麼容易。

　　相信不久的將來，我們主食晶片中功能性主食的飲食結構，將給我們帶來非同凡響的主食效果，那將會是一種怎樣的進食體驗？它又將給我們的慢性疾病帶來怎樣的福音呢？千呼萬喚的期待，讓我們拭目以待。

讓老人返老還童的青春不老食

人老了，各方面機能都在呈現下降趨勢，但對於當代的老年人而言，他們內心渴望的仍然是返老還童，青春不老的生活狀態，他們希望能夠透過進食的方法，讓自己的身體長期保持在健康的狀態，有效提高自己的生活質量，讓自己看起來更有精神更有活力。面對這一領域的需求，我們主食晶片中的新型主食結構 —— 功能性主食，又將給我們帶來怎樣的驚喜呢？

在步入老齡化社會，越來越多的人把關注點轉移到如何能有效提高自己退休後的生活質量上。當人上了歲數，又告別了工作，人一輕鬆下來，就會對身體上的一些病患有了感覺。正應了那句話：「年輕的時候拿命賺錢，歲數大了拿錢買命。」

一進醫院，我們就會發現很多歲數大的大爺大媽在那裡排隊開藥，一開就是一大兜子，一問怎麼回事兒，對方就會無奈的說：「哎！沒辦法，人老了，人體機能不行啦，得調理啊，要不萬一真的得了什麼病，一不小心那可就是一筆大花費，太高階的調理費咱花不起，只能開點藥回家吃吃啦！想當年年輕的時候，我連醫院在哪兒都不知道，從來沒去過。現在可好，成這裡的常客啦。」

有一位老人因為過度迷信六味地黃丸能補腎，而把自己身體吃得越來越虛弱。實話說，現在很多老年人對每一種藥的藥性並不是很了解，也不知道哪一種更適合自己，很多人都是透過電視或報紙上介紹的一些內容，

233

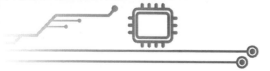

對比自己當下的情況，就相信某種藥物具有調理身體的神奇功效，而自己吃了它就能越來越健康。結果造成藥不對症，反而適得其反。由此看來，以藥調身，提前吃藥預防疾病這種理念並不完全正確。即便是中國古中醫說藥食同源，但至少也要做到對症下藥，不論是材料的搭配，還是用量都是要有一定科學把握的。

針對這個問題，能否有一種食物，既可以有效解決一些老齡化體質健康問題，又可以有效達到預防疾病的作用，同時還沒有藥物的毒副作用，從口感上也更容易被大眾所接受？實話說，這樣的描述說得不就是功能主食的作用和功效嗎？

如今市面上正在推行一些號稱更有利於老年人年輕健康的營養保健食品，比如，螺旋藻、核桃粉、壯骨粉、蛋白粉等一系列的產品，而且深受老年人的追捧和青睞。不可否認，這樣的食物產品從當下來看，確實能夠對老年人的身體造成一定的營養作用，但它的呈現只局限在粗加工的範圍內，沒有達到功能性主食的濃縮萃取精細化製作的標準。

這就好比我們平時在家將幾種食材打成粉末或漿糊來食用，從原理上來講，確實有利於吞嚥和人體吸收，但那也只局限於粗加工，無論是從身體的營養吸收，還是從食物元素的均衡搭配上都是存在缺陷的。

而功能性主食則可以很輕鬆的做到這點，一份功能性主食，其中每一味食材的營養比例都是經過科學搭配的，它的配置更加精細化，剛好能夠達到促進人體吸收的最佳量度，讓各種營養元素各司其職，以此來全方位強化老年人的身體活力。

從人體的角度來說，我們身體本身就是一個龐大而複雜的循環系統，其中的運作週而復始、循環往復。除了整個人體的大循環，還有組成人體的各個部件各自的「小循環」，簡單來說，就是人體各個器官更換狀態的週期。

　　一般情況下，人體會在半年的時間內更新掉身體 98% 組織細胞，當人慢慢步入老年，這種更新的速度就會放緩。因此，假如我們可以在遵循這種規律的同時，能夠在飲食上有效啟動主食晶片中的排毒模式，在排除毒素的同時，有效的攝食營養，增強細胞活性，讓細胞不斷的進行自我更新，那麼用不了多長時間我們就能夠得到一個嶄新而健康的自己。而這一切，透過高科技技術加工後的功能性主食都可以輕鬆做到。

　　如今很多相關科學研究都在致力於這方面的研究，試想一下，假如未來我們從內到外的給自己的身體洗個澡，以此來有效煥發自己青春的活力，那麼就在設定好的時間內，進食具有強大排毒功能的功能性主食，既不會擔心自己會缺乏營養，又可以保證讓自己的身體機能在這段自我更新的過程中煥發重生般的新面貌，即便是年齡在不斷增長，也不會擔心自己會因此而呈現老態。只要細胞因子是年輕的，人的狀態就是年輕的，而諸如精神疲憊，慢性疾病這類的煩惱，也自然就不會再找上門來了。

　　由此看來，要想讓步入老齡的自己青春永駐，並不是一件遙不可及的事情。在當下，儘管我們科技水準還不足以達到長生不老的境界，但隨著人們在這一領域的不斷研發和努力，我們一定可以收穫令人欣喜的傲人成果。或許那時候的我們對於飲食的概念會有一個全方位的顛覆，不但會在口感上提出更高的要求，還會將著眼點立足於它給我們身體所帶來的效果和價值。人們面對一件事情首先想到的問題是：「我能從中得到什麼？這一切對我的價值是什麼？」

　　不容置疑，當我們在各個方面的需求得到了滿足，如何讓自己活得更久，並且保持年輕狀態的議題就會越來越受到大家關注，這是一個遲早要解決的問題，而功能性主食的研發，無疑是在這一領域的探索中，一次大膽而創新的嘗試。

第十一章
效率型功能主食，快捷而富含全方位營養

在這個處處講求效率的時代，人們會越來越關注於自己的生活成本和生命品質，如何能用最小的成本獲得最大的利益，將是人們不斷探究的永恆課題，工作如此，生活如此，飲食結構也是如此。但飲食這個環節，有點特別，它是每個人每天必須要面臨的問題，想要快捷簡便地全面吸收營養，就需要人們在處理食材上提高技術質量。如何取其精華，如何做到攝食零傷害，如何增強細胞活力，如何有效調節自身情緒，一系列的問題都需要人們在不斷的更新思想，尋找到答案，而人們也必將為夢想的呈現付出加倍的努力，直到達成目標，直到新一輪目標的出現。

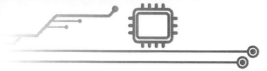

營養被器官快速吸收，精華功能主食的革命

如今吃的食物很多，內涵的營養也很豐富，但對於人體而言，如何有效地吸收還是一個很大的問題，對於功能主食來說，開發食物的功能是第一，其次就是如何能夠讓這些功能在人的身體得到有效的呈現，它或許需要更高層次的技術支持，能夠讓主食的營養在入口的那一刻就作用於人體，這或許是主食界的一次偉大的革命，它讓食物更貼切健康，也更親近需求。

我的一個朋友在單位體檢的時候被查出患有缺鐵性貧血，當時他很不能理解，自己明明是一個很注意健康飲食的人，平時葷素搭配合理，而且對食材的品質也要求很高，怎麼好端端的就缺鐵了呢？

對於飲食這件事，很多人覺得只要自己把食物搭配好了，就是最佳的健康飲食方式，卻不知在食物的世界裡，有些元素所合成的物質是對人體營養吸收起反作用的。這也就是為什麼有些人吃了富含營養的食物，還是不受補的原因。這些物質在營養學上學名為：反營養物質。說的是食物中的一些物質，一旦攝入過多，就會妨礙到人體的營養吸收，甚至還可能會增加患病的危險係數。

那麼，這些影響到我們身體正常營養吸收的物質究竟是什麼呢？下面就讓我們列舉一二，來看看它們的廬山真面目，看看它們的破壞力到底有多大。

反式脂肪

這種物質主要存在於氫化植物油配料的食物中，在我們平時吃的餅乾、蛋撻、蛋糕、冷飲、奶茶等一系列的食物中，是非常常見的一種物質。儘管這種物質耐高溫，能夠給人們帶來甜香鬆軟的口感，但對我們體內正常脂肪酸的平衡造成了干擾，從而降低了我們身體有益的高密度脂蛋白水準，長時間攝入很容易患上心腦血管疾病。

亞硝酸鹽

當下很多人在飲食中都是無肉不歡，但很多肉類食品中的亞硝酸鹽對我們的身體健康著實是個考驗。它能夠讓肉製品經過烹煮呈現出好看的粉紅色，並具備一定的防腐作用。儘管這種物質本身無毒，但在碰到人體的胺類化合物就會相互反應，生成可怕的致癌物質亞硝胺。同時人們透過研究證實，亞硝酸鹽的攝入，能減少人體對碘的消化吸收，最終出現甲狀腺疾病。

合成色素

如今在食品中新增一定的色素成分一種是件很正常的事情了，不管是飲料還是甜點，都可以看到合成色素的影子。這種人工色素沒有任何營養價值，反而還會影響到我們人體鋅、鉻等微量元素的吸收。很多研究證實，過度食用人工色素很可能會影響到孩子的大腦發育，導致多動症、注意力不集中等問題，此外對我們身體的代謝功能也存在一定的影響。

鋁

有些食物入口的時候，會給我們一種很膨鬆的味覺感受，而事實上，促成這一效果的是一些食物新增劑，如明礬和碳酸氫鈉，而這些新增劑中

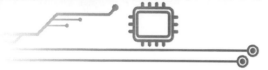
大多都含有鋁的元素成分。而人體一旦攝入了這種金屬元素是很難透過自身代謝徹底排出體外的。一旦它在體內積蓄，與多種蛋白質，酶結合，直接損害的就是我們人體最重要的器官，大腦的功能，嚴重的還可能引起痴呆，智力下降等疾病。

草酸

草酸會阻礙食物中鈣等礦物質的吸收，但這種物質卻在蔬菜中普遍存在，但這並不意味著因為蔬菜中有這種物質，就拒絕攝食蔬菜，事實上只要將其加以有效處理，大部分的草酸成分是可以去除的。例如，用沸水焯一下就可以去除一半左右的草酸。

看到這些阻礙我們攝食營養吸收的罪魁禍首，你是不是每天都在跟它們打交道？儘管我們可以很自信地說，自己很注重食物中的營養成分，但解決不了吸收問題，勢必會影響我們人體整個機能的運化效率。

其實，對於吸收而言，最簡單的說無非就是人體接受物質的過程。而營養吸收，就是機體接受外源物質，經過人體消化吸收，排泄等一系列的運作過程，讓人體機能因為營養的補給而充滿活力。因此如何有效的將食材中的營養進行吸收，如何透過吃飯的方法讓身體長期處於年輕健康的狀態，將成為人們在食物領域不斷探索的重要方向。

那麼，在不遠的將來，人類的主食晶片中又將出現怎樣富有安全性的功能主食結構呢？如何在濃縮食物精華之後，讓這些開發出來的精髓元素徹底的被人體吸收呢？就目前為止，以下幾種狀態形式的食物元素，是最適宜人體吸收的，而這說不定就是功能性食品進一步研發改良的程式方向：

水、水溶性維他命及礦物質的吸收

水溶性的維他命及礦物質，可以不經過小腸內的消化過程就直接被人體吸收。所以，液態形式的食物更容易受人體的青睞。在當下人們已經開始嘗試著研發各種液態性質的功能性食品，其內涵豐富的維他命和礦物質，在口感上也是大膽嘗試和創新，諸如運動型飲料、減脂代餐奶昔，都是人們在開發食物功能同時，對食物形式變更的大膽嘗試。

脂類的吸收

就目前而言，脂類食物是最有利於人體吸收的一種，它在消化道內被分解為甘油和脂肪酸，甘油這種物質是可以直接被血液直接吸收的，而脂肪酸在消化道內與膽鹽結合後，生成水溶性複合物，最終也被有效吸收。因此，在未來世界，人們必然會嘗試將食材進行更有效的營養馴化，改變它們本身的性質形態，將其中的營養元素進行轉化，也就是說，可以將人體所需的大部分實物營養物質，轉化為有利於我們人體吸收的脂類，那麼不容置疑，我們的生活質量，健康程度都會得到大幅度的提升。

蛋白質的吸收

蛋白質是人體必需的營養元素，它在消化道內被分解為氨基酸後，透過小腸黏膜吸收進身體，開始進入人體的血液循環，天然蛋白被蛋白酶水解後，其水解的產物大多為氨基酸和多肽，所以從人體吸收的角度來說，蛋白質形式的食物是很受身體青睞的。而在未來的新飲食時代，人們或許還會對各種食物進行馴化，開發出一種近似於蛋白質吸收形式的食品結構，讓人們能在進食的過程中，將營養進行全面吸收，既營養監看，又攝食方便。這將是日後功能性主食發展的一個絕好的研發方向。

從古到今，人們所嚮往的飲食理念就是取其精華，去其糟粕。但精華

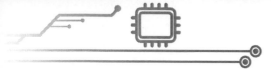

提取出來了，怎樣有效吸收就成為了下一步的關鍵，而未來的功能性主食，將會秉持利於人體吸收的食物結構模式，不斷對食物進行研發和改造，而到那時，人們手中的主食或許早已經不是米飯、麵條那麼簡單，它們很可能是液體，很可能是脂類，甚至還有可能是吸入型的飲食新概念，除了形態的改變，這些食物的內在性質也會隨之進行改變，多種食物的精華配比在一起，迸發出的一定是一種與眾不同的效果和口感，它會快速的被我們人體的器官吸收。但在此之前，一場關於食品的功能革命，必將在人們千呼萬喚的需求聲中正式開啟。

身體零度傷害的高階功能主食

　　從中醫角度來說，不同的食物有不同食物的特質，儘管大千世界能給人類當食物的東西很多，但卻有陰有寒，有潤有燥，有甜有苦，而對於人類而言，如何有效吸收其精華，去除其內在對人體傷害的部分，將是開啟功能主食強大力量的一個先決條件，對於人而言，我們本能最害怕的就是受到傷害，如何有效避免傷害，是我們用畢生研究的課題，而對於食物的理解與馴化又何嘗不是同樣的道理。

　　當人們從過去的農業社會步入工業社會，各種機械的產生作為人手腳的延伸，為這個時代創造了更多的價值，而食品作為一種商品，也在這一浪潮下，開始批次加工、改造、生產，最終投向市場。以此為開端，人們的成本效率意識開始一次次的在大腦中根植強化，這一理念在整個產品生產的過程中被放在首位，而真正決定人類健康的品質問題到放到了其次。於是，當生產力上升到一定層次時，很多人因為多種飲食問題而出現病患，這時候家才意識到食品安全對自己來說有多麼的重要。

　　很長一段時間，人們都在下意識地忽略食物的品質，將可口的味覺感受放在首位。儘管他們知道及時補充健康的元素對自己身體有益，但面對那份上癮的味覺誘惑，自己還是無法抑制。大千世界烹調的技藝有千萬種，並不是每一種都有利於健康，但人們就是會貪圖一時的飲食痛快，去選擇美食而不是健康。

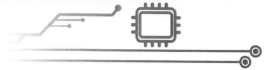

儘管人的自控能力有限，但當這一切上升的國計民生的理智層次時，大家還是關注到了食品安全的重要性。正所謂民以食為天，食以安為先。食物的安全，不僅僅關係到我們的當下，還影響著人類的未來。因此如何在有效吸收食物營養的同時，將其對我們人體的傷害降到最低，甚至達到零度傷害的標準，將成為今後食物科學研究領域研究探索的方向之一。

但就目前而言，當今世界的食品安全問題，還有不勝列舉的突出問題，不論是從大眾的飲食健康理念，還是從食品生產加工的過程方面，安全形勢都相當嚴峻。

舉個例子來說，有段時間，歐洲「毒雞蛋」事件被鬧得沸沸揚揚，時不時就會在調查的過程中爆出陣陣醜聞。這事件一發生的，造成整個歐洲一片譁然，人們開始對歐盟一向引以為傲的食品安全機制產生質疑，以至於讓整個歐洲，都因為這一事件而在食品安全保障問題上顏面掃地。

「毒雞蛋」事件在歐洲繼續發酵，根據德國農業部公布的資訊，他們從進口自比利時和荷蘭的雞蛋中檢驗出了一種叫氟蟲腈的有毒物質。而後，很多歐洲國家都相繼出現連鎖反應，爆出「醜聞」，說是經過檢測表明，自己國家進口的雞蛋中也存在氟蟲腈含量超標的問題。

那麼究竟什麼是氟蟲腈呢？

從化學品的角度來講，氟蟲腈可是一劑猛藥，可以用來生產殺滅跳騷、蟎和蝨的殺蟲劑，被世界衛生組織列為「對人類有中毒性」的化學品。假如大量誤食了含有這一物質的食品，很可能會導致人體肝腎以及甲狀腺功能方面的損傷。

在歐盟食品安全的律法中規定，氟蟲腈是不可以用在人類食品產業鏈的畜禽養殖過程中的，每公斤食品中的氟蟲腈殘留都不能超過 0.005 毫克。而就現在權威機構的檢測結果，當下進口的這一波「毒雞蛋」對人體

造成的危害並不是很大。但即便對成年人不構成什麼威脅，卻對孩子的身體健康存在一定的影響。

一個比利時人說：「以前我一直覺得歐洲的食品是非常安全的，可是自從曝出馬肉醜聞以後，很多人就開始對歐洲食品的安全的信心降低了，這次又出了毒雞蛋的事兒，事件更是讓消費者不敢再對歐洲的食品放心了。隨便吃個雞蛋都不能讓人放心，誰還會指望其他的食品安全可靠呢？」

就這樣小小的一顆雞蛋讓整個歐洲都不得安寧，以至於整個歐洲各國密切的貿易關係和集中的生產體制都受到了影響。

食物是滋養自己的，不是傷害自己的，長久以來人們都在努力的為實現食品零度傷害而做出著努力。其中的內涵相當深，相當廣。而想真正實現這一理想，除了嚴把食品質量關以外，還要解決諸多技術上的難題。例如，如何讓人在飽餐以後，不至於給自己的胃部帶來過多的壓力和傷害。

講到這裡，我們不妨來看一下我們在進食過程中胃部的活動情況：

當食物進入胃部的時候，它首先是存留在上端的（胃底）的，胃底是一個感覺神經很敏感的部分，根據我們攝入食物的量度，可以引發早飽、飽脹，激發胃的痙攣，從而出現劇痛等身體不適感。嚴重的還可能引發嘔吐和胃食管返流。如果這種嘔吐返流過於劇烈，人就會出現氣道誤吸、窒息等危險。

因此，在日後功能性主食的加工技術中，就要首先考慮到人體胃部的耐受能力，如何讓吃進去的食物具備一定的保養功能，降低其對人體的傷害係數。如果能很好的做到這一點，人們就不會再受到胃脹痙攣等胃部不適的困擾。從中醫的角度來說，胃乃後天之本，胃部有了可靠保證，人體的整個功能就會朝著更健康的方向良性運轉。

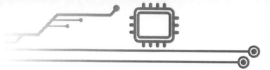

其實，技術越是先進越是能夠降低食物內在成分的危險係數，功能性主食的特性就在於能夠最大限度的開發食物內在的功能能量，並將其具有傷害力的弊端部分進行分解排除，最終呈現給人們的就是百分之百對自己有益的食物成分。

在今後人類的主食晶片中，很可能再也不會有食品不安全的攝食概念，從食材的種植、選拔、生產、到送上人們的餐桌，每一個細節都包含了前沿智慧科技和生物科技的智慧，它將會逐漸將人類的飲食結構引向高階，讓人們站在更高的層次，領會這種高階功能性主食的價值與效果，從而重新定義自己的飲食概念，並進行攝食的自我顛覆，更新自身飲食結構，開始自己主食晶片的變革，開始一段嶄新的功能性食物連結，也開始一段嶄新的高階膳食新旅程。

修復維繫大腦活力健康的主食能量

　　大腦是我們人體的中央司令部，它的健康影響著我們的全身。我們的思想，行為，乃至一切活動和創意莫不來源於此，如何有效開啟它的能量，讓我們的大腦長期保持健康活力，已經成為若干年以來無數科學研究專案研究的課題。不可否認，在我們整個人生旅途中，我們腦中的大部分細胞都在沉睡。如何將它們喚醒？如何延續它們的生命？如果把這一切智慧都融會在一碗飯裡，那我們每天咀嚼的時候該是多麼有成就感啊！

　　愛因斯坦說：「天才是百分之九十九的汗水和百分之一的靈感。但那百分之一的靈感，往往比百分之九十九的汗水來得重要。」

　　在這個嶄新的時代，工作兢兢業業是所有業界人士必須秉持的工作態度，要想真正把工作做好，沒有那百分之一的靈感是萬萬不行的。而靈感來自於哪兒？它當然來源於我們大腦的奇妙反應。因此如何能夠保持好自己大腦的健康活力，將成為今後功能主食時代一個非常重要的研究課題。

　　大腦是生物在億萬年的進化中，到達一定階段才出現的產物，是上天用智慧創造的傑作，很可能是宇宙間最為複雜的體系了。從解剖學來看，大腦在身體中占用的體積很小，卻是每一個生命機體中最為核心的器官。

　　大腦是人體神經系統的中樞，是由眾多神經元和神經纖維組成的，它能夠有效的控制協調人體的行為、感覺、思維、記憶、情感等。也正是因

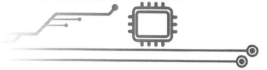

為有了這樣一個大腦，人們才具備說話、學習、想像、運動、相互交流的能力。由此可以說大腦是人體的司令部，是幫助我們做出各種行為決斷的策略總司令。

曾經有人把大腦比作電腦，不過目前還沒有電腦可以超越大腦的能力。因為大腦是維護我們人體生命體徵的重要器官，是人體每一個系統的直線調整中樞。它不斷給我們帶來深刻的思想，還能有效的調節我們的情緒、行為以及人體各方面機能的作用，而這一切是電腦所無法替代的。

當然，大腦並不是一台「永動機」，不管你什麼時候想用，它都能朝氣蓬勃的充滿活力。因此想要讓它青春常在，避免不必要的傷害和困擾，就需要源源不斷的為它輸送一定數量的優質養料，不斷對它進行愛護和保養。否則，大腦就很有可能會出現早衰的現象。諸如記憶力減退、身心疲憊等一系列的問題會源源不斷地出現。據有關醫學認證，如果大腦供血中斷超過 10 秒鐘，人就很可能會出現意識喪失的情況，假如大腦長時間缺氧的話，還很可能引起大量腦細胞不可逆流性死亡，這對我們人體的傷害，是非常嚴重的。

人與生俱來的腦細胞大約有 120 億個，而且這些數量一旦成型，就永遠不會增殖了，一切只是存在程式行凋亡，正常人這一輩子能啟動其中的百分之十，就已經相當不錯了，而近百分之九十的腦細胞始終都是處在沉睡抑制狀態的。

當人們進入成年，這些腦細胞將會逐漸死亡，但新的細胞卻是不能再生，所以我們會在整個生命歷程中發現，自己的腦力會越來越不好使，甚至一年比一年衰減下來。當下很多科學研究人員都將如何促進腦細胞再生，列為自己研究的課題方向。美國神經生物學家弗雷德蓋奇，就是其中之一。他認為，人腦中有一個叫「海馬」的區域，決定了人的學習和記憶

能力。只要能夠想辦法激發海馬區的細胞孕育活力，使其不斷的產生新細胞，人的大腦就會長時間保持在青春狀態。

我們大腦中的細胞，並不像我們想像那樣脆弱，不一定會隨著年齡的增長，一個個消亡死去，只要掌握得力的方法，我們是可以很好的控制它衰老的速度的。想要保持大腦持久的年輕態，就要不斷的給予大腦最合適的能量補給，這與我們人體各個部位的補給方法如出一轍，首當其衝的當然是要先讓自己好好吃飯。

大腦的健康，往往取決於我們平日裡攝入的食物，你吃了什麼，喝了什麼，都會直接影響到自己的思想、感受和行為。事實上，別看大腦本身的體積不大，但其一天所要消耗的能量是非常大的。如何切實有效為它選擇最富有營養的食物，用營養均衡的美食餵飽它，就成為我們每一天一定要履行的義務。

什麼樣的食物能夠切實有效的幫助我們修復維繫大腦活力呢？在人類正在變革的主食晶片中，大家又將對此輸入怎樣的飲食結構概念呢？

從食物功能性上挖掘，我們首先考慮的是每一樣食材內在的營養元素，事實上，倘若能將每一樣食材內在的營養元素有機的加以馴化和結合，所能創造的必將是史無前例的功能效應。

蛋白質就是腦細胞的主要成分之一，也是支持腦細胞興奮的物質基礎。對於人的語言能力、思考能力、記憶能力、神經傳導能力、運動能力等方面都起著相當重要的作用。假如人體在蛋白質上有所缺乏，會直接影響到腦部的發育，使神經傳遞受限，人就開始出現反應遲鈍的症狀。

此外，維他命 B1 對保護大腦記憶力，減輕腦部疲勞都有非常重要的意義，對於那些工作壓力大，用腦過度的朋友來說，及時補充一定量的維他命 B1 能夠對我們的大腦造成有效的呵護保養作用。

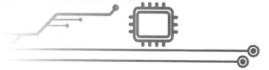

　　美國有一位營養生理教授普羅塞克博士，曾經做過這樣一個實驗，他找到了十個人，每個人每天只給他們 14000 焦耳的食物，有的人食物裡沒有維他命 B1，有的人給了 5 毫克的維他命 B1，而後進行心理測試，檢查他們的各種能力。結果他驚訝的發現，當人們缺乏維他命 B1 時，精神狀態會變得很差，腦機能也有不同程度的降低，在攝入一定量的維他命 B1 後，境況就有所好轉。當然，我們不能僅僅透過一個實驗結果就斷定，這種現象就只是因為缺乏維他命 B1 的作用，但至少我們可以斷定，維他命 B1 是人體不能缺乏的一個重要部分。

　　由此可見，功能性主食具有很大的發展潛力，人們一旦掌握了食物內在功能開發的技術渠道，就會一點點把手中每一樣食材的內在功能都開發到極致，到那時人們不僅僅知道哪些元素可以有效的修復維繫自己的大腦活力，還會知道如何開發取得這些元素中最優質的部分，當優質的部分經過營養的比例搭配，變成了一款功能強大的功能性食品，我們的大腦就會在我們每天的進食過程中得到滋養和補給，人的頭腦會越來越輕鬆，越來越富有智慧，行動力也變得越來越敏捷。

　　當然，我們也期待有一天人們可以調動不同領域的知識技能，開啟大腦細胞再生的生命之門，並將開啟的方法一步步的簡單化、精良化，不用耗費我們太長時間、財力、物力，而是僅僅集中在一日三餐，利用平平常常的吃飯，就能夠輕鬆開啟人類大腦自癒功能，人類的程式總要經歷一番化繁為簡，即便是複雜得不能再複雜的大腦，滋養它照樣可以是簡單的不能再簡單的方式。

長久維持人類幸福感的主食結構新模式

很多人都覺得，假如什麼事情能讓自己感覺幸福，那一定要特別珍惜，因為人生的幸福感著實來之不易。事實上，幸福感源於我們人體分泌的特殊物質，當我們在生活中體驗成就的時候，才能與它不期而遇。究竟有沒有什麼辦法，在杜絕成癮的良性作用下，能將這種感覺長久保持下去，能夠激發我們內在的力量，讓我們每天都有一個愉悅的心情？其實想維繫這一切很簡單，它可以從很多方面入手，比如，努力的接受一種全新的主食結構模式。

「人生之極致美味不過是碗中普普通通的一日三餐。」

「若要問生命中幸福的感覺，那無異於三件事，吃得好，睡得著，時刻保持真心微笑。」

從人們經常說出這樣的話可以發現，人類的幸福感始終是與食物有所連結的。美食是生活的幸福來源，拋去一些生存的必需品，也只有飲食能夠幫助我們找到最廉價的幸福感了。

儘管大家都覺得美食從某種程度上給自己帶來了幸福感，卻各有各的出發點，生而為人，不同人的心中卻有著截然不同的幸福美食概念，比如，有人覺得吃喝玩樂，本身就是自己工作賺錢的主要動力，一日三餐吃的就是自己事業的成就感，每當自己看到桌子上豐盛誘人的美食時，心中就會非常自豪，並告訴自己：「你值得擁有。」這種人與其說是享受美食，不如說是在享受一種人生的成就感。

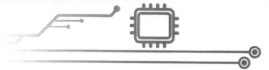

　　還有的人從美食中吃出了愛情的味道，和自己喜歡的人找一家非常棒的餐廳共進午餐，或是一起在網上搜尋一家家美食店鋪，即便是不出去吃飯，餐桌的上的飯菜也絕對不會將就，兩個人一邊吃飯一邊看電視，時不時互相調侃幾句，以至於多年之後，每當看到美食就會想起對方當年的樣子，這樣的人與其說是在享受美食，不如說在享受回憶。

　　當然還有人會調侃：「嘿，知道飽暖思淫慾嗎？」在這類人的概念中，吃不飽身體就不暖，身體不暖又怎麼去溫暖別人，假如一個人連飯都不好好吃了，一天到晚精神不振，連生理的那點淫慾感都沒有了，不就很麻煩了嗎？幸福感就像配菜，配好了口感好，營養還豐富，而想成就幸福感不就是將每一件好事情匯聚在一起的傑作嗎？這種人與其說是在享受美食，不如說在享受慾望。

　　曾經聽過這樣一句話：「美食像這世間所有的好東西，把人從流水般的日子裡撈出來。」美食是一隻神奇的魔法棒，不用太多的能量，就能讓我們更鮮活地遊走人間。事實上，一個人想得到一陣幸福感很容易，但想長久保持在幸福狀態難度就會很大。對於功能性主食而言，人們最渴望的是透過開啟食物功能的寶藏，在簡單的一日三餐中，讓生活的幸福感長久的延續。這對於功能性主食的研發而言，無疑是一個很嚴峻的挑戰。

　　那麼究竟哪些物質能夠幫助人們成就幸福的感受呢？綜合起來，有三種人體分泌物質對延續喜悅幸福感起著至關重要的作用：

第一種，多巴胺

　　多巴胺是大腦的一種分泌物，可以直接影響到我們的情緒，這一分泌物主要負責大腦的情慾，不斷傳遞興奮開心的訊號，從而讓人感受到幸福快樂的感覺。這種神奇的分泌物，甚至可以促成美好的感情姻緣，據有關

科學認真，愛情其實就是因為相關的人和事物促使腦裡產生大量的多巴胺導致的結果，因此每一個深陷愛情的男女，都會在這一時段身心愉悅。人之所以思想活躍，感覺真切，會對一些事情產生熱烈的追求，多半都是拜這種物質所賜。

在飲食方面，富有美好口感的食物，也一樣可以促進這種大腦分泌物的生成，例如，當下很多人在品嘗巧克力的時候，就可以暫時將自己置身在一種無比幸福的氛圍當中，而這種髮自內心的幸福感危險係數很低，基本不會構成上癮，其主要原因是我們的大腦會主動分辨出各種物質，物質不同反應不同，所傳遞的資訊自然不同。我們大腦靈敏的解析度，可以及時向我們的身體回饋資訊，告訴我們這是一種怎樣的感覺體驗，從而更為有效地調整自己的機體狀態。因此從功能性主食的建設來說，想透過食物配比提升良性多巴胺分泌，並將這種快樂幸福的感覺長時間延續下去，是完全有可能的。

第二種，內啡肽

除了多巴胺，影響人心情好壞的，還有另外一種大腦分泌出來的物質，它的名字叫「內啡肽」，它不僅僅可以影響到人們的幸福感，還具備一定的「鎮痛」作用，假如可以找到方法，促進這種物質的分泌，我們整個人生的狀態就會變得更加愉悅，更加年輕，更加健康，也更有成就感。

在功能性主食尚未研發完畢之前，人們依靠自身本能去長久分泌內啡肽是存在一定難度的。因為這種物質只當一個人真正享受到成就感的時候，才會被正常的分泌出來，但作為一個人來說，誰也無法保證自己能長時間，源源不斷為自己提供成就感。但你想像得到嗎？即便是分泌難度這麼高的物質，只要飲食得法，也是可以以另一種形式促進它的分泌生成的。

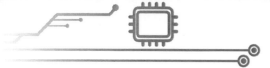

目前相關科學研究單位已經整合羅列了一大批能夠促進人體內啡肽分泌的食物元素，他們希望對這些食物的內在功能進行馴化，從而提煉出能夠有效延續人類幸福感的功能性物質，並讓它在安全性方面得到可靠保證。

第三種，5- 羥色胺

5- 羥色胺是一種能產生愉悅情緒的信使物質，它無時無刻不在影響著大腦每一方面的活動，不論是調節情緒、精力、記憶力到整個人生觀的塑造，可以說 5- 羥色胺與我們的身心健康有著密不可分的連繫。目前這種物質已經投入到了藥物的生產，專門幫助人們抵抗憂鬱，因此假如我們可以在功能性主食方面對這一物質進行開發，並降低其對於人體的傷害，那麼實現人類在飲食中延續幸福感的期待，將不再是夢想。

看了這麼多，猜想你已經對未來主食晶片中幸福的飲食結構模式有所期待了吧？當人們正式開啟功能性食品的大門，我們的生活會發生很多細節性的改變，僅拿這種延續幸福感的功能性主食而言，它所提供給人類的幸福感是良性的，不帶有成癮性。

這種良性的幸福感可以有效替代固有的成癮性幸福感，我們很難想像，一個人在正常吃飯過程中，很輕鬆就杜絕了菸酒成癮的傷害和困擾。我們很難想像，一個人在憂鬱傷懷時，透過進食一碗飯就能迴歸幸福愉悅的狀態。我們很難預料這種從幸福物質中提煉出來的幸福感，會給我們的人生帶來多少成就和喜悅。但它真的有可能會出現，假如有一天我們有幸見到，一定要對這一充斥著滿滿幸福感的功能主食倍加珍惜啊。

第十二章

美味與食材的革新顛覆，科技讓未來充滿想像

　　我們知道，人類的明天將越來越趨向於智慧化、科技化，誰也不知道在這樣迅速發展的速度下，會迸發出多少史無前例的靈感和奇蹟。而在食物的世界裡也是如此，因為它們與人類連結緊密，所以必然也將面臨一輪又一輪的革新與顛覆。或許有一天當我們面對一餐飯的時候，會驚奇的發現，此時自己所攝食的食物已經不再是以前的性質，口感也不再是我們想像中的樣子，有人說頂多再過一個世紀，人們就可以破譯食物王國的基因密碼，開啟它們強大而神奇的功能，最終人類可以依託吃飯這個媒介，直達永生的美好時代。那時的人類會很健康，那時的功能主食的功能性很強大，那時候一提到吃飯人們就會很幸福，而那時候大家的生活狀態又是怎樣的一番新天新地呢？

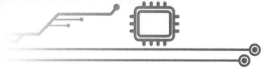

暢想生態連結下的高階主食科技

　　不管時代怎樣前進，人們心中最美好的家園永遠都是大自然本有的綠色狀態，如今不少人都在追求生態，希望為自己也為後人營造一個更為美好的生活環境。那麼究竟何為生態呢？

　　所謂生態，就是自然賦予作物的最本源的生活狀態，在天然的生態圈裡，幾乎找不到人類科技的影子，卻能保留食物本身就具備的內容和風味。

　　目前這個世界上已經沒有什麼能抵得過高科技給人帶來的誘惑，在有限的一個小時裡，如果沒有手機、電腦，有些人就會坐立不安。有人反駁道：「我們就沒有被這些技術影響，我們每天都在工匠精神中精心雕琢著一罈罈好酒，日出而作日落而息，力求用最好的糧食釀出最美的酒，我們的東西都是古法釀造，生活的方式是原生態，我們不追求物質，也不在乎經濟的發展，我們只專注的把這一件事做好，希望這一古老的鍛造技術能夠一代代傳播下去，最理想的生活，也真的莫過於此。飲上一杯好酒，什麼煩惱都忘得一乾二淨了。」

　　人的概念不同，思維方式也會不同，自然在對事物的選擇上也各不相同，與植物相比，人類具備優越的自主選擇權，他們可以把食物改造成各種樣子，在與它們相依相伴的過程中，不斷思考如何馴化它們，如何讓它們最大限度地為我所用，但又能在品質和營養上，將其原汁原味的功能和美味口感進行最大限度的保留。最終他們找到了一條創意的食品發展之

路，那就是讓技術在無形中幫助食物與生態環境進行最佳連結，用原生態的科學技術去支持原生態的良性發展，為食物提供最佳的生長空間，讓他們在最舒服的狀態中爆發出無限的能量和潛力。

我們不難想像，在我們未來的功能主食世界，每一份食材的來源都要花很多的心思，從播種、耕種，再到開花結果，整個的過程或許就是一個生態圈套著另外一個生態圈，而生態圈與生態圈如何無縫連結，如何能夠在無形中創造最高的品質和最大的收益，將成為當下乃至未來科學研究人員研究的課題。人們都嚮往自己的食物來源於原生態，但我們又該如何讓口中的食物在我們設計的原生態範圍圈內實現價值最大化呢？針對這個問題，人們始終都沒有放棄探索，直至今日，一切已經初見成效。

面對當下塑膠對食品生產環境的汙染，人們就動用了一種大自然中常見的生物，它的功效十分強大，只需要 24 小時就能輕鬆搞定，它的名字，叫黃粉蟲。

黃粉蟲又稱麵包蟲，喜陰食性廣。它可以很快吞食工農業的有機廢棄物，將其在身體中進行轉化，最終成為有機肥料，增強土地的肥力。可以說解決了工業生產和農業生產的老大難問題。

單一數量計算，每 500 條黃粉蟲在 30 天裡，就能吃掉 1.8 克的塑膠，吃下去的塑膠，一半會轉化為二氧化碳，另一半則轉化為糞便，可以直接作為有機肥料，滿足農作物耕種的需要，增強土地肥力。由此小小的蟲子就將曾經不可連結的工業塑膠汙染與農業生態種植緊密和諧的相連在一起，於是有些搞農業的朋友就暢想，這小小的蟲子如果能降解土地中的地膜，那生產成本將會大大降低。

經過實驗，這種想法要落實，還真的需要人類相關技術的支持，因為這種黃粉蟲耐不住太陽的曝曬，很難在陽光下生存，假如直接將它們放到

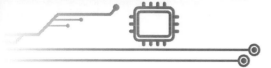

田間地頭，還沒來得及降解殘留的塑膠，自己就已經功勞未成身先死了。

那怎麼辦呢？後來人們經過研究發現，黃粉蟲之所以能降解聚苯乙烯，主要原因在於在這一小蟲子的腸道中，存在著兩個菌群，一個是阿氏腸桿菌，一個是芽孢桿菌。假如能夠從黃粉蟲體內將這兩種菌類提取出來，從事土地地膜的降解工作，那成效一定也差不了。

於是大家將這一發現科學研究立項，開始了進一步的研究，一旦研究落地實踐，那麼在這小小的麵包蟲影響下，我們的農耕產業就將向著生態健康的目標邁進了一大步。

想像一下吧，或許未來，當一份食物來到你面前時，它已經經歷了數個美好生態圈的精心雕琢，而就在你把它送到嘴裡的時候，這種生態連結也一直沒有阻斷，生命的程式，就是一個環節跟著又一個環節，而食物的生命程式就是一個環境接著又一個環境，誰也說不清這裡麵包含著人類多少精心的設計，每一個生態圈中的內容都凝聚著人們對食物的需求和希望。當幾種食材在經歷了不同的成長而走到一起，重新迸發出新鮮的活力，它們所創造的功能價值和品質價值必然會超乎我們的想像。

可以說，它們來自於一片美好而肥沃的土地，吸收天地精華，享受陽光雨露，然後就這樣款款的向我們走來，化身為極簡而營養豐富的功能主食，從此它在人們的眼中越來越鮮活，宛如一個一點點強大起來的孩子，給這個世界增添了更新鮮的活力，帶來無限可能，擁有無盡力量！

高階藥用調味品，主食不再僅僅是主食

　　你相信在未來功能食物時代，一劑簡單的調味料，就可以即時調劑我們人體嗎？它不但富有功能性，還附有一定藥用價值，身體不適可以調理，平時則有利於養身，我們廚房裡的調味框，也會變得越來越簡單，每一味調味料都將我們的身心全面地置身於功能飲食的世界，在那個時代裡，主食不僅僅是主食，而調味品也不在局限於調味，一切為了健康，為了營養，也為了更實在的功能價值。

　　說到調味，我們腦子裡首先想到的是「酸甜苦辣鹹」。人生漫漫，行的路越多，吃過的味道就會越多，各種鮮香苦澀，雖然各有不同，但都是由這幾樣簡單的調味元素混合而成的。古中醫認為，五味連結著人體的五臟，想調和五臟，是可以透過口味的變化對自身的健康進行調理的。

　　所以我們會看到，真正優秀的廚師，不僅僅只會做菜，還具備一定的中醫知識和心理知識，他們在料理中所渴望呈現的，是當人們拿到這份暖味十足的飯菜時，不但能品味出極致的口感，還能從中找到幸福，同時更好地維繫自己的身體健康。世間烹飪的極致，或許就在於這一點了吧？

　　前面我們說過，世間之所以出現調味品，並不是因為人們渴望擁有怎樣更高層次的美食體驗，而是為了能夠更好地適應環境，即便是遇到不好吃的食物，自己也能有方法接受下來，不至於因為吃不下面臨生存的危機。隨著人們對健康知識的探索和掌握，人們開始意識到，世間不同的味道對自己的身體而言，有著不同的感受和需要，他們開始明白，原來手中

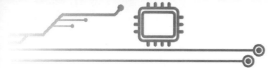

的這份調味品，不只是單純的調味品，它還可以幫助自己解決很多其他問題，從而讓自己擁有更健康的身心。這就是調味品一步步向高層次需求出發的開始。

當人們從工業時代悄悄過度到智慧時代時，科技的發展促使人們不斷對調味品進行研發，為了在促進口感的前提下降低食品生產的成本，很多食品成分中的調味劑開始越來越讓人擔憂。例如，當我們買下一瓶飲料，在商標的背後成分一欄，我們就會很清晰的看到諸如甜蜜素（又稱甜精）、安賽蜜（又稱 AK 糖）之類的調味劑，儘管商家保證產品已經受到國家認真批准，對大眾沒有危害，但論及到這些調味劑究竟是什麼，怎麼造出來的，很多人還是一頭霧水。於是有人感慨：「自己吃進去的東西，不知道是怎麼造出來的，具體成分又是怎麼回事，這是不是有點悲哀呢？」

現在我們不再去詳細跟大家討論，目前的調味劑是透過什麼樣的方式創造出來的，而是將更多的著眼點，聚焦到人類未來的美好時代。試想一下，再過一個世紀，或者半個世紀，家家戶戶廚房櫥櫃裡的調料會發生怎樣的改變？或許它不再是食鹽、醬油、辣椒醬，而是標註著各種可以開啟我們身體功能自癒效能的特色調味品 —— 這就是在人類主食晶片更新以後呈現的功能性調味料。它具有一定的藥用調理效果，不僅不會傷害到你的身體，還能從某種程度上提高你的體質，滿足人體高層次的健康需求。

技術越是發達，人們越會思考三個問題是：

如何能讓自己變得更健康？

如何能夠延長我的壽命？

如何能夠更好的提高我的生活質量？」

這些理念會在人們的主食晶片中根深蒂固，他們會在各個方面尋找更適應自我需求的食物產品，當然其中也包含著最富有營養價值和功能價值

的高階調味品。

我們很難想像未來世界的調味品究竟能玩出什麼花樣，又將以怎樣的形式影響和調劑我們的身體健康。或許有的朋友說：「其實現在很多調味品也對人體健康造成了一定的積極影響啊，比如芥末，對於預防感冒就是很有效果啊。未來世界的調味品究竟與當下的調味品存在怎樣的不同呢？」

其實這個問題也很好回答，僅以芥末為例，儘管它的藥用價值和營養價值都很不錯，但它給人們帶來的感覺並不是誰都能接受。面對這樣的困惑，在未來世界的調味品變革中，它必然會成為要進行全方位升級的那一支。想像一下，當我們將芥末中的營養成分進行提取、濃縮，並將其進行口味馴化，慢慢衍生出另外一種可以受廣大消費者接受的口感形式，同時保證營養元素一個也不會流失，那這種呈現對於人類的健康會不會大有助力了呢？

我們還可以閉上眼睛想像一下，未來世界家庭的廚房是什麼樣的？隨著極簡理念深入人心，很多人家的廚房會變得越來越乾淨，而櫥櫃裡的調味品，也會越來越少，即便真的醬油還叫醬油，那也很可能是此醬油非彼醬油了，人們透過更為營養的食材配比，創造出最適合人體健康的功能性調味品，並具有一定的調理成分，到那個時候，即便家中只有少量的食物，經過簡單的加工處理，在適當加入一些類似的功能調味品調味，也可以讓自己的身體吸收到更全面的營養，讓機體煥發無盡的活力和能量。

同時在功能性主食的世界裡，這些具備功能性和健康性的調味品，同樣也是功不可沒。他們會秉持維繫人體健康，保證零度傷害的原則，對功能性主食的口味進行合理馴化。到那個時候，人們再也不會擔心所謂的工業性調味劑會影響自己的身體健康，因為一切用作功能性主食的調味原料

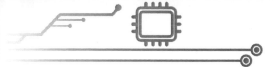

都是綠色環保，並帶有一定調理元素的高階調味品。它們會更為科學更為健康地與功能性主食融為一體，演化成各種奇特而新鮮的口感。

　　或許那個時候，我們並不了解自己究竟吃了什麼，但卻對其功能堅信不疑，功能性主食經過這些具有調理價值的調味料調配後，其面貌已不只是一份主食，而是象徵著一種飲食的新型樂趣，甚至還直接顛覆了我們固有飲食結構對口味的理解。究竟能到達什麼樣的程度，誰也說不清楚，但它必然會在科技的延伸下，為我們帶來一個又一個驚喜。比如，有人在攝食由多元蔬菜馴化而成的功能性主食時，嘗到了幸福滿滿的蜜桃味道。

功能性主食的飛躍，從抗衰老戰役直達永生

　　人生再豐富多彩，也要遭受生老病死，面對這個美好的世界，很多人都渴望自己能夠青春永駐。但這種夢想想成真又談何容易？對於功能性主食而言，它所涉及的科技內容包含了智慧、培育、生物、化學、量子等各個尖端領域，當智慧在研究中昇華，人們很可能有一天會將自己一生所學通通熔鍊到一碗飯裡，它開啟的是一個奇妙的世界，解決的是生命不息的永恆話題。

　　從古到今，人們為了能夠抵禦死亡、直達永生，在各個領域不斷探索著。古代皇帝為了能夠找到青春不老的方法，擁有屬於自己的不死之身，花巨資煉仙丹，四處僱人探訪神仙，以求不老之術，結果自己還是免不了一遭生死，據現代醫學考證，關於長生不老丹，當時煉丹主要用的是五金、八石、三黃為原料。煉成的多為砷、汞和鉛的製劑，吃下去以後就會中毒甚至死亡。

　　那麼怎樣做才能實現永生呢？在《黃帝內經》中古人提出了以下的一些見解：

　　黃帝曰：餘聞上古有真人者，提挈天地，把握陰陽，呼吸精氣，獨立守神，肌肉若一，故能壽敝天地，無有終時，此其道生。

　　中古之時，有至人者，淳德全道，和於陰陽，調於四時，去世離俗，積精全神，遊行天地之間，視聽八達之外，此蓋益其壽命而強者也，亦歸於真人。

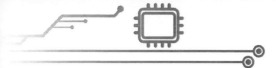

其次有聖人者，處天地之和，從八風之理，適嗜慾於世俗之間，無恚嗔之心，行不欲離於世，被服章，舉不欲觀於俗，外不勞形於事，內無思想之患，以恬愉為務，以自得為功，形體不敝，精神不散，亦可以百數。

其次有賢人者，法則天地，像似日月，辨列星辰，逆從陰陽，分別四時，將從上古合約於道，亦可使益壽而有極時。

在古人眼中，人生的壽命等級大體分為這幾種類型，永生不是不可以實現，但所要付出的努力是常人難以堅持的。

為什麼呢？《黃帝內經》也給出了很合理的解釋：

上古之人，其知道者，法於陰陽，和於術數，食飲有節，起居有常，不妄作勞，故能形與神俱，而盡終其天年，度百歲乃去。

今時之人不然也，以酒為漿，以妄為常，醉以入房，以欲竭其精，以耗散其真，不知持滿，不時御神，務快其心，逆於生樂，起居無節，故半百而衰也。

古代皇帝求仙求術，之所以不能永生，除了他不可逆轉的人體衰老因素外，還在於他的慾望太多，慾望太多就會生煩惱心，有了煩惱就想方設法尋找解決問題的捷徑，但尋覓捷徑的途徑又不得法，所以才付出了生命的代價。

那麼回到現實，如今在各項科學技術迅速發展的時代，人們在研究永生領域的過程中又有哪些巨大的發現呢？

對於永生這個話題，起初很多科學家都覺得這一構想是荒謬的，直到有一天，他們在研究細胞的過程中發現了震驚的現象。

一般情況下，人類體內每分鐘都要消亡至少 3 億個細胞，這個數字聽起好像很驚人，但事實上從人體細胞數據來看，它還不到人每天被取代的細胞總數的 0.0001%。我們每個人每天體內大概有 10 兆到 50 兆個細胞

在源源不斷地更新著。但這種輪轉的新陳代謝並不會一直這麼順暢進行下去，內耗伴隨著人的一生，因此如何有效降低內耗，就成為科學研究人員下一步要解決的問題，而這恰恰與中國古代的《黃帝內經》的養生方向如出一轍。

具體來說，人類衰老的原因是這樣的，人類細胞的生長是透過細胞分裂生成的，但細胞分裂的次數是很有限的，經過多次分裂後，便會停止，而這個時候人就進入了衰老狀態。究其原因，是因為這種現象來源於細胞內的染色體，每一條染色體的末端，都有瑞粒加以保護，而細胞每分裂一次，染色體的瑞粒便會短一些，直到細胞再也分裂不動了。這種基因中所自帶的缺陷，鑄成了人類由青春一步步走向衰老的事實。

知道了衰老的原因，研究人員曾一度意志消沉，但隨後他們有了令人驚喜的新發現，那就是並不是所有的人類細胞都在遵循這一原則，有些生殖細胞和癌細胞會不停分裂，是因為他們本身含有端粒酶，而正常的細胞卻沒有這種物質。於是大家就想，如果能想辦法把端粒酶加進人類正常的細胞內，以此來延長生命，促進細胞的分裂和生長，那麼使人長期保持在青春的狀態將不再是一個夢。假如能夠做到這一點，實現永生，治癒頑疾應該都不在話下了。

由此我們不難想像，當功能性主食提升到一個科技含量相當高的維次，其食物中所融會的精華，很可能就帶有某種促進容顏不老，身體永無病痛的活力酶，假如我們吸收這種酶元素的過程不再繁瑣，僅僅透過攝食一定量的功能性主食就能影響到整個細胞機體的活力，那麼想實現永生將會變成一件非常簡單的事情。

事實上從生物學角度來說，人體不同部位的細胞，都有著屬於自己的更新週期，當人類對自己的身體有了系統的了解，及時地在這一系列的週

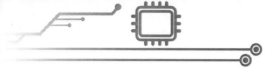

期中搭配不同的功能性主食，促進細胞的再生活力，那麼未來世界的人們，必然會在體質上得到大幅度提高，假如能將自身機體的活力長時間的保持下去，老都老不了了，怎麼還會去經歷死亡呢？

所以，不要小看了功能主食的強大，當它收容萬千領域的智慧於一身，經過不斷自我蛻變煥發出前所未有的強大功能時，我們很難想像它會在我們的身體裡造成多麼強大的作用，僅僅是一份主食，卻能幫我們實現很多很多願望，其中甚至包含了最難實現的永生。萬事都有程式，人體的基因密碼源於我們生命最真實的架構，當這層神祕的面紗揭開，當我們真切體會到食物與我們內在生命的無縫貼合，擁有真正意義上的終極生命，也不再是不可能的事情。

滿足食慾前提下，衍生的是不同食材的內容變異

　　想像一下，如果有一天我們看到的食物外形，茄子還是茄子，南瓜還是南瓜，主食還是主食，但其內在內容卻發生了更富創造力的提升和變異，對於這個世界而言，食物的世界又將開啟怎樣的一場變革呢？科技的推進，需求的提升，人們對於飲食的要求將隨著他們的生活層次而不斷昇華，他們期待能在滿足食慾的同時，不斷提升食材的功能價值，並且建設它，馴化它，讓它更貼切自己的需求，直到看到它一級比一級更完美。

　　說到人類與食物之間的關係，如果起初只是未來飽腹充飢，那麼隨著時代的程式，人類一步步走到今天，與食物連結的最大轉變就在於人們已經徹底從單純的食物奴役中解脫了出來，開始反過來對每一份食材進行合理馴化，以便於更好地適應自己的需求。

　　起初人們不過是變更了食材的形式，卻沒有能力變更更深層次的內容，而我們不難想到，科技越是持續發展，人類對於食物的馴化能力就會越來越強大，很多現在我們還不知道的食物祕密將會被一個個的解開，而後一系列針對食物的研究課題將會緊鑼密布地展開。經過這番研究馴化以後，我們未來所接觸到的食材，除了形態的改變，很可能在性質上也會發生改變。

　　如今很多人一談到基因變異，就會有一種莫名的緊張，儘管這個名詞在我們耳邊越來越熟悉，但它到底對我們的生活意味著什麼，其中到底有多神祕的內容，恐怕很多人都不得而知。事實上，好的基因變異是可以給

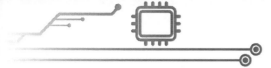

我們的生命增加助力的，但如果這種基因變異充斥著病態，那後果也可能是不堪設想的。

對於食材來說，人類馴化的追求自然是希望它們能夠發生良性變異，並經過一系列的加工生產形成對人體健康大有助力的功能性飲食，最大限度的提取食材中的功能，為人類膳食的明天提供服務。

那麼就目前而言，我們發現了哪些良性食材變異技術呢？舉個例子來說，太空蔬菜種子培育技術就是食材良性變異研究中不能不提到的部分。

所謂太空蔬菜種子，是將普通蔬菜種子搭載航太微型裝備，在一番太空失重，缺氧等特殊環境變化中進行馴化，使其內部結構發生變化，以至於當它們重返地面的時候，經過農業專家的特殊培育，形成了一種突變後的特殊蔬菜品種。

數據顯示，太空蔬菜的維他命含量高於普通蔬菜的 2 倍以上，對人體有益的微量元素含量鐵提高 7.3%、鋅提高 21.9%、銅提高 26.5%、磷提高 21.9%、錳提高 13.1%、胡蘿蔔素提高 5.88%。並且相比於一般蔬菜來說更加美味可口，而且水分充足，色、香、味俱全，如今已經成為了城市居民、賓館、飯店的上等保健食品。而目前人們正在努力運用這項技術，對食物種子品質進行極致提升，並不斷更新換代，希望能將這些突變後的種子品種穩定下來，不斷的造福子孫後代。

僅拿「太空茄子」為例，人們選拔出地球上最好的茄子種子送上太空，在宇宙環境中經歷高能粒子輻射，微重力、高真空，弱磁場等一系列的綜合因素影響，最終在內部結構上形成突變。之後當這種植物重返地面後，大家在對這些發生突變的種子進行耕種和培育。最終見到了果大、色美、味香，富含維他命 C 和糖分的優質茄子。除此之外，它的儲存期比一般茄子長，成熟期也提前，產量也很可觀。而且抗病性，抗逆性都很強，

具有很強的氣候適應性。

這些茄子透過人工定向選育，至少也要經過 4-6 代才能穩定選育品種，通常情況下，也得花費 2 年才能培育出 3 代的品種，所以想要真正將選育的品種穩定下來，至少需要四年左右的時間。

當然，隨著時代的前進，一份食材，經過一番馴化後除了其形式會發生改變以外，其更深層次的內容也會隨之發生改變。而人類的馴化技術不僅僅只局限於如何將食材培育得更好，而是會把更多的著眼點聚焦到食物的功能成分。為了能將食物的功能性發揮得淋漓盡致，人類必然會在破譯食物基因密碼後，透過人工干預的形式，在食材生命體中注入更豐富的內容，而當這一個個的課題，最終成為現實，人類與食物的連結就將開啟嶄新的一頁。

假如有一天我們見到的食材，再也不是我們固有主食晶片中本來的樣子，看似乎凡的馬鈴薯，也能被培育成富有強大功能的「萬能洋芋片」，它不但能滿足我們高標準的味覺口感，還能有效地發揮其內在功能，吃上幾片就能很好地為我們的人體提供一天所需的營養與能量，它或許可以幫助我們從疲憊的工作狀態中解脫出來，或許能有效地調劑我們鬱悶的心情，甚至還可以促進瘦身，再也不用擔心吃零食會發胖的問題。

總而言之，小小的食材必將在未來世界，發揮出令我們難以想像的超能力，它讓我們覺得此物非彼物，它讓我們覺得新奇又有趣，它讓我們突然發現眼前的食物已經在內容上發生了無數的改變，但不管怎麼改變，方向上總是越變越好的。以此類推，想像一下未來由各種食材組合而成的功能主食，將會在我們人類的明天呈現出怎樣非凡的活力和創造力。它來源於我們人類自己對自己的塑造需求，也必將影響到與我們產生連結的其他生物。

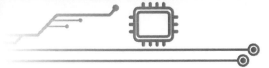

　　回首過去，展望未來，人與食物的淵源早已從主從關係，上升到馴化與被馴化，滿足與被滿足的關係。但這並不意味著人與食物之間只有這簡簡單單的一種關係，因為它自始至終關聯於我們的生命，所以必將與我們長久依存下去。在整個世界上，我們彼此共生的是相互依賴、互利成就著。

　　不管是過去還是未來，食物都會帶給我們無盡的希望和深刻的思考，而這一切還會不斷延續下去，人們與食物之間的故事，將開啟主食晶片嶄新的一頁，而其中的內容也必然會越來越精彩，越來越豐富。

食品科技，讓食物的功能和口味比翼雙飛

　　這是一個注重效率的時代，對一個人的發展來說，空間與機遇並存，同樣對於一份食物而言，其功能和口味也是要並駕齊驅來發展的。當時代不斷向前發展，人們對於食物的概念，除了飽腹或口感外，還會以更高的水準來判斷它的功能，當然這並不意味著他們會忽略對於完美口味的需要，因此在功能主食的開發上，商家將本著這兩大領域來不斷進行探索和嘗試，而這也將預示著功能主食生產技術將會不斷的改良升級，以此作為核心競爭力來更好的適應市場的需要。

　　舉個例子來說，在醫療方面，餐後血糖的控制，是醫生和糖尿病患者最頭痛的問題。既要保證生理功能必須的能量，又要控制飲食中的葡萄糖攝入，平衡二者的矛盾。患者的一日三餐特殊功能食品，需要緩釋控釋技術的應用。藥品中應用緩釋控釋技術後，同樣的成分價格要多幾倍十幾倍。食品比之藥品使用量大的多，緩釋控釋技術的瓶頸在於成本控制，探索出可以被市場普遍接納的有效技術應用。

　　目前的超微粉碎加工技術仍然有待提高，大量的農副產品不能精深加工利用，造成了可食性資源的浪費。諸如小麥麩皮、燕麥皮、玉米皮、米糠、豆渣等主要用於飼料，都還不能夠從中有效的提取養分進行更好的開發和利用。

　　如今，國內外營養學家、專家早就一致認為，麩皮和米糠是含膳食纖維很高的「保健食品」。其纖維含量高達 43.9%、蛋白質為 17.6%、脂肪

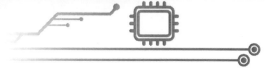

為 8.3%。食用這些食品將更有利於人體的新陳代謝，並對防止便祕、降低膽固醇、預防動脈硬化等具有相當顯著的效果。在國外，用麩皮開發的纖維保健食品已成為國際市場的搶手貨，頗受消費者歡迎。由此來看，食品超微粉碎技術將成為今後急待推廣的科學技術之一。

對於食品功能加工技術的發展，已經有很多內容超出了我們的想像，例如，美國 NASA 在 2013 年委託 Anjan Contractor 和他的系統 / 材料研究公司研發了一款 3D 食物印表機，這款 3D 印表機，由一種名為 RepRap 三維印表機改裝而成，其所運用的，披薩列印材料，並不是我們想到的麵粉，而是內涵更豐富的營養粉、油和水。而營養粉的製造原料一般來源於昆蟲、草和水藻，而且保固期很長，30 年也不會變質，非常適合太空人長距離的空間旅行需要。

這款 3D 食物印表機很好的造成了改善太空人膳食水準的作用，並有效降低了披薩中不健康的有害成分，其整個列印過程更是相當的有趣，首先會在加熱板上列印麵餅、然後將番茄、水和油列印上去，最後再在表面上列印一個「蛋白層」，一款鮮香美味的披薩就這樣大功告成啦，其簡單又營養的特性，贏得了太空人們連連點贊。

要說這食品 3D 列印技術中的耗材可謂真是最為關鍵的一個改變，首先它需要數據先整理出一個食品材料系統，之後 3D 印表機會有效讀取檔案在三維設計中的橫截面資訊，隨後再經過食物粉末化、調整配比和顏色等幾項基本工作，最終將不同中來的食材分別加入到各自的耗材單元裡，根據三維設計中輸出的數據和電腦端的控制，對每個截面逐層、均勻地噴射食材，最後再透過層層疊加與不同耗材的配合製造出立體食物，然後以黏合的方式形成一個整體。

這項技術的研發成功帶給我們無限的展望，想像一下吧，未來功能主

食的製作過程，說不定也會運用同樣的智慧科學技術，以 3D 形式，為我們打造諸多款與眾不同的功能主食，這種功能性主食造型獨特、口味新鮮，其價值將不僅僅來源於食材本身，而來源於其背後給大眾帶來的奇特感和功能屬性。

我們現在很難想像未來的功能主食將會以什麼樣的形態出現，我們手裡吃的食物究竟富含怎樣的營養成分，將透過什麼樣的營養配比和形象打造進入我們的眼簾，但有一點肯定不容置疑，其功能價值與口味價值一定是並駕齊驅，賺足大眾的胃口。

時下人們還在進行著諸多類似的食物領域探索，我們未來吃到嘴裡的食物，雞蛋會被植物提取出的精華元素所代替，牛肉也可以擁有與眾不同的植物版本，味覺還是那個味覺，而其內質早已是另一番新天新地。由此可以推斷，再過上二十年，我們走進購物場所見到的食物，或許早已經經歷了一番標新立異的革命，能更好地適應我們的需要，同時也更貼近我們身體健康的需要，它會在我們人生的不同階段造成關鍵性作用，我們收穫的將會是一個更有品質的生活和一個理想的健康壽數。

有人曾經說，再過不到一個世紀，人們說不定可以透過改善飲食科技直達永生，儘管這一理論當下很多人只會儼然一笑，但誰又會否認自己不希望這件事早點到來呢？

主食晶片，未來食物革命：
探索食物的深層語言，重塑健康美麗的藍圖

作　　者：鴻濤

發 行 人：黃振庭

出 版 者：崧燁文化事業有限公司

發 行 者：崧燁文化事業有限公司

E-mail：sonbookservice@gmail.com

粉 絲 頁：https://www.facebook.com/sonbookss/

網　　址：https://sonbook.net/

地　　址：台北市中正區重慶南路一段六十一號八樓 815
室

Rm. 815, 8F., No.61, Sec. 1, Chongqing S. Rd., Zhongzheng
Dist., Taipei City 100, Taiwan

電　　話：(02)2370-3310

傳　　真：(02)2388-1990

印　　刷：京峯數位服務有限公司

律師顧問：廣華律師事務所 張珮琦律師

定　　價：375 元

發行日期：2024 年 01 月第一版

◎本書以 POD 印製
Design Assets from Freepik.com

國家圖書館出版品預行編目資料

主食晶片，未來食物革命：探索食
物的深層語言，重塑健康美麗的藍
圖 / 鴻濤 著 . -- 第一版 . -- 臺北市：
崧燁文化事業有限公司 , 2024.01
面；　公分
POD 版
ISBN 978-626-357-911-8(平裝)
1.CST: 食 物 2.CST: 健 康 飲 食
3.CST: 未來社會
427　　112021771

電子書購買

臉書

爽讀 APP